任性出版 仕事は１枚の表にまとめなさい。

孫正義出石頭，誰能出布？

老闆、上司總是
丟出難題和籠統指令？
我在軟銀學到的
目標達成竅門。

軟銀 CSR 區域經理
兼 ESG 推動室長
池田昌人──著
賴詩韻──譯

CONTENTS

第2章 主管拋出的難題，我能馬上接手——115

第3章 企劃案被打槍，怎麼調整

第4章 用猜拳理論，決定合作對象——203

推薦序一

表格，最佳的工作輔助工具

簡報實驗室創辦人、策略思維商學院院長／孫治華

假如你在工作時遇到這些問題：無法顧及細節、經驗無法傳承給新人，可以試著讀這本《孫正義出石頭，誰能出布？》。

很多時候我們在事後檢討，只發現自己「遺漏、忘了某些內容」，之後遇到一樣的問題卻仍沒有改善，那反省的意義在哪？反省的核心價值在於**盡量不犯下重複的錯誤，而最佳的輔助工具就是「表格」**。

我一開始讀這本書時，看到在商業書中經常出現的框架5W1H，便想著

怎麼又來了？新意在哪？結果讀著讀著，才發現書中將表格應用得出神入化。作者提到的5W1H表能協助使用者發揮出細節執行力、經驗傳承力，且進行系統化的思考。

例如，當撰寫企劃的人在構思5W1H中的目的（Why）時，可以同時利用書中的5W1H表與效益分析表，思考目的是否符合下決策的主管、自家企業，甚至是消費者的期待。這一瞬間，5W1H就有了多元的面向，瞬間變得立體，這是「細節執行力」。

在現今員工頻繁流動的時代，如果每一家企業都具備這樣的表格思維，員工一開始提出來的企劃品質就會比以往更好，或至少具有過去一定的水準，這就是「經驗傳承力」。

由此可知，**當工作者學會運用表格，可以少走許多「遺漏、忘了某些內容」的冤枉路**。

除了一般工作者，如果你是一個團隊或一家企業的領導者，當你的成員不斷犯下相同的錯誤、遲遲無法進步時，你也可以推薦他們閱讀這本書。希望大家可以透過本書的幫助，開始建立系統化、表格化的思考。

推薦序二

在AI時代，掌握表格就是掌握先機

時間管理講師／張永錫

表格看似簡單，卻能解決複雜的問題，這也是為什麼我一看此書就深深入迷——作者身為孫正義的核心幕僚，其表格思維能力讓我大為折服，立刻想將書中方法運用在自己的工作中。

許多專案開始時，總會面臨資訊不足、決策依據不明、多方角力以及時間緊迫的問題。作者認為，此時需要簡單有效的表格來幫助我們。

書中以策劃新品體驗會為例，強調使用5W1H表的重要性：先鎖定目標，思考要做什麼，再陸續決定相關人士、場所、時期和細節，讓人第一眼就抓住任務重點。

首先決定目的（Why），闡述為何要辦新品體驗會，像是增加曝光度、吸引潛在客戶，或蒐集市場回饋等；接著列出概要（What），描述企劃主題；再陸續決定相關人士（Who），點出目標參與者，如VIP、媒體、KOL或公關團隊；場所（Where），探討活動地點與展場配置；時期（When），針對活動檔期規畫；細節（How），進一步關注工作分工、預算分配與進度檢視等。

整張表格能在短時間內彙整活動規模、時間與人員配置等內容，使每個參與者都明白自己該在何時、何地，以何種方式做什麼事。

除了5W1H表，作者也提到如何運用效益分析表，進一步檢視新品體驗會在不同角色眼中的意義，進而達成溝通與協作。

另外，書中提到一個有趣的策略叫「猜拳理論」：「如果孫正義出石頭，誰能出布？」——作者過去為了說服孫正義出席記者會，也邀請王貞治（能出布的人）參加，最後順利邀請孫正義親臨活動。這背後所倚賴的，正是前面提到的表格思維：將資源、關係與流程分解成可視化步驟，並持續更新，以鎖定關鍵的出手時機。

我使用九宮格思考已經超過二十年，畫過數萬個九宮格——兩橫兩豎一個井，很容易做兩個軸向的思考。而在我研讀本書後，發現我的想法有幾點和作者提到的概念不謀而合。

首先，畫表格的目的是為了溝通，並達成對方的期待，無論對方是外部客戶，還是公司內部主管、同仁，或是家人、朋友；其次，繪製表格的過程是循序漸進，不必怕一開始畫不好，而是要每天持續修正，並運用在不同場景；最後，在表格內加入粗體字、顏色（我也喜歡加上符號）等，能幫助看表格的人深入思考。

九宮格的好處是長寬固定，也可以延伸成八十一宮格，並和其他表格搭配使用。

在AI崛起、步調緊湊的時代，表格扮演著極關鍵的動態管理角色，它引導我們如何聚焦於5W1H、效益分析評估，來強化決策依據；更教導我們如何在每個關鍵時刻，做出亮眼的決定。

前言
那些孫正義交給我的棘手難題

「因為你是普通人，無法從三次元和四次元的角度思考，所以要大量製作二次元（平面）資料。當你持續進行二次元分析，看事情的角度就會變得立體，也能加深理解。」受到軟銀集團創辦人兼社長孫正義一席話的影響，我開始把各種資訊彙整成表格，並運用表格思考。

那時是二〇〇八年，東京數位電話（Tokyo Digital Phone）已變成軟銀（SoftBank，軟銀集團旗下的電信公司）的前身SoftBank Mobile，我負責行銷相關業務的時候。

當時我負責籌劃新的手機資費方案，蒐集和分析各種資料後，整理成企劃書並交給孫正義。他看了提案後，對我說：「你的分析方式太天真了，光憑一張圖就提出這種看法，實在過於武斷。」並退回提案讓我重新思考。

當下我感到不知所措，於是他丟給我前面那句「大量製作二次元資料」。不過，雖然被要求用二次元表格分析，但我一開始根本不知道要製作什麼樣的表格，完全是一頭霧水。

行銷策略大都以年齡、性別和地區等資料為基礎，加上消費金額和嗜好等行為數據，以及預期效果和成本等因素，並根據綜合分析得出結果。

當時我一心認為，為了比較各種數據，就應該把資料製作成三次元和四次元的圖表。

相較之下，**把各項資料製作成二次元表格，就是把相關要素（主軸）精簡成兩項**。這樣到底會得到什麼結果，當初我也有點懷疑。

那時的我畢竟不像孫正義具備經驗、直覺和洞察力，也不像優秀的主管一樣專業且具有分析力，只是一個普通人。由於我終究得向孫正義遞交提案，所以沒有理由不照做。

一開始我按照他的指示，把手邊的資料以兩個主軸為重心彙整，對我來說就像在黑暗中摸索。不可思議的是，在製作無數張表格的過程中，我才意識到之前的分析有多不可靠，也逐漸清楚自己應該寫出怎麼樣的提案。

我發現，比起關注三種以上的資料，**以兩個主軸為重心，資訊會變得更鮮明，並且顯現出單獨數據看不到的價值**。可以說，二次元表格會在腦海中變得立體。

最初，即使彙整做好的表格，往往還是散亂的、看不出所以然。然而，當一堆無意義的表格混在一起，就可以看到新方向。我發現了之前遺漏的東西，比方說，我一直把目標鎖定在年輕世代，但其實熟齡世代更需要關注。

原來如此，這就是「用二次元思考」。我瞬間理解孫正義的話，同時再次感受他的偉大，因為他即使不製作表格，也可以在腦海中建構出相關的概念。

從那之後，我在思考時一定會製作二次元表格。我發現把手邊的資料彙整成表格後，**就能跳脫「行銷就是如此」和「這個階段就應該用這個方案」的偏見，轉換角度思考**。

當然每項工作和案件都有不同的狀況和內容，並非光靠製作表格就一定能撰寫出好企劃。不過，製作表格有助於抓到問題核心，準確度也會跟著提升。

至今我仍然覺得，表格對我這種普通人來說真的是最佳工具，它可以幫助我毫無遺漏的進行深度思考。在本書中，我想與大家分享利用表格思考、進行工作，以及把事情具象化的方法。

面對重要的決定，我就會使用表格

現在當我需要思考時，我一定會運用二次元表格。

舉例來說，二〇二〇年初，全世界正遭受當時是未知疾病的新冠肺炎

（COVID–19）襲擊，各地不斷出現死亡案例。那時，我正努力籌備日本第一所由民間企業成立的ＰＣＲ（Polymerase Chain Reaction，聚合酶連鎖反應，此技術能應用於傳染病的診斷）檢測中心，這是以篩檢的新概念進行檢查。

然而，當時**我連「ＰＣＲ」是什麼都從未聽過，卻在一個月後就成立檢測中心，一天的篩檢數最多達兩萬一千件**，這背後也是得力於用表格思考。

ＰＣＲ是什麼？需要請什麼人協助？需要什麼設備和場所？短時間內可能實現嗎？當初孫正義對我提出想讓民眾能簡單接受ＰＣＲ檢測時，我根本所知甚少。

而孫正義之所以找上我，是因為我任職於軟銀的ＣＳＲ（Corporate Social Responsibility，企業社會責任）部門，在東日本大震災時，參與籌設支援兒童的公益財團法人，不是因為我對醫療很了解。不過，即使面對這樣的工作難題，我也利用無數張表格來想辦法讓計畫成形。

我製作了什麼樣的表格，才能順利成立「ＳＢ新冠肺炎檢測中心」？詳細內容、具體的資料整理方法和思考過程，我會在第二章告訴大家。

此外，生活上我也會運用表格思考。

比方說，決定家人假日出遊的地點時，我也會在腦海中製作簡單的表格後分析。

「去那裡的話附近有公園，回程也可以買東西，這個時期人潮也較少。」不只是我，家人也逐漸養成運用表格的習慣。

幾年前，我們希望擁有自己的房子時，全家人也一起製作了表格（見左頁圖表0-1）。買房子是一筆大花費，可不能出現失誤。「為什麼買在這種地方啦！」、「當時你不是說這裡可以嗎？」像這樣的糾紛一定要避免。

那時，我們把候選的地點放在橫軸，縱軸則是詢問家人各自的期望，列出每個人重視的要點。

例如，我在意距離車站有多遠和通勤時間；妻子則是關注距離公園有多遠、到超市和醫院是否方便；孩子則在意距離學校有多遠。寫出各自的意見

圖表 0-1　全家人討論買房地點時製作表格

	H地區	T地區	K地區	參考現住地
最近的車站	H車站	T車站	K車站	O車站
電車路線	Y線	K線	K線	K線
房價	●●萬日圓	●■萬日圓	**●△萬日圓**	--
面積（平方公尺）	219.5	198.55	198.35	120
建蔽率／容積率	40%／80%	50%／100%	60%／200%	50%／80%
採光方向	**東側、南側**	南側	**南側、東側**	東側、西側
形狀	**南側、東側呈現階梯式**	平地	平地	平地
道路寬度	**北側5公尺、東側5公尺**	南側2.9公尺	**南側6.5公尺、東側6.5公尺**	北側5公尺、西側3公尺
到職場附近車站的時間	59分鐘	**43分鐘**	61分鐘	60分鐘
到最近車站的徒步時間	17分鐘	**14分鐘**	**11分鐘**	18分鐘
高低差（公尺）	5	**1**	2	1
最近的公園與徒步時間	**H公園，2分鐘**	無	N公園，4分鐘	U公園，1分鐘
附近的超商或超市，以及徒步時間	**R超市，3分鐘**	超商，3分鐘	超商，5分鐘	T超市，3分鐘
附近的餐廳與徒步時間	蕎麥麵店，5分鐘	車站前餐廳，14分鐘	餐廳，5分鐘	T超市內餐廳，3分鐘
附近的小學與徒步時間	**H小學，7分鐘**	Y小學，11分鐘	無	M小學，6分鐘
附近的國中與徒步時間	**H國中，8分鐘**	T國中，21分鐘	無	K國中，7分鐘

粗體字：評價高的要點；灰底：希望避免的要點；加底線：擔憂的要點。

圖表 0-2　根據圖表 0-1 製作的效益分析表

	H 地區	T 地區	K 地區	參考現住地
綜合評價	18	12	11	—
作者	9	6	5	—
妻子	9	6	6	—

後，彼此在意的不同之處得以凸顯出來（根據上頁圖表 0-1，製作出效益分析圖表 0-2）。

不只地區，面積等在意的點都要列出來。至於房子本身，關於不同施工業者的耐震強度、斷熱性、屋頂和牆壁的耐用年數等，我也都備好資料並另外製作表格。

我一開始會先製作表格框架，並把知道的訊息陸續填入，但不是一口氣就把所有資訊都填入表格——**填寫表格時一定會留下空白，就是等著寫上非常重要，卻還不清楚的資訊**。由於有空格待填，**就會知道應該查詢什麼、要向誰請教**，等資料查好、事情問清楚，再把內容填入就好。也就是說，**填寫表格可以避免遺漏**。

「目前這是最好的選擇，但孩子長大了以後還適用嗎？」、「把房子蓋在這裡，似乎可以過上這樣的生活，感覺很好。」像這樣連未來的情況和生活方式都一併思考，也會加深家人之間的理解和羈絆。

我們做好表格後，代表腦中的資訊整理完成，且由於重視的要點已經整理成一覽表，搞清楚業者之間的差異，所以後續與不動產公司和土木工程公司的交涉非常順利。連我這種不動產的門外漢也能提出質疑：「A公司說不會花到這筆費用，為什麼貴公司會寫上二十萬日圓（按：全書日圓兌新臺幣之匯率，皆以臺灣銀行在二〇二五年三月初公告之均價〇．二二元為準，此約新臺幣四萬四千五百四十八元）？」業者對此不得不認真說明。

除了搬家之外，面對人生的各種重要選擇，表格都有助於思考。像是升學、就業和換工作，以及戀愛和結婚等感情事宜，如果彙整成表格，或許就會看清楚方向。

在職場上也是如此。**在公司，我們與主管和顧客之間的關係大都不對等，而且彼此立場、權限、觀點、資訊量都不同。**不過，透過表格，無論遇到什麼樣的對象，與是天才還是普通人、地位上或下無關，都能變成一起填寫表格的夥伴。

與災區兒童一起在美國學習

大家好，我是池田昌人。請容我做簡單的自我介紹，以及分享我寫這本書的經過。

我生於一九七四年。一九九七年，我進入東京數位電話工作，並在業務部和行銷策略部累積近十五年的經驗後，於二〇一一年更換崗位。我現在擔任軟銀的CSR區域經理、ESG（Environmental, Social, and Governance，環境、社會和公司治理三大永續發展目標）推動室長，並同時任職於軟銀集團的永續發展部門。

如同前述，身為CSR負責人，我不只成立PCR檢測中心，還活用資訊及通訊技術（Information and Communications Technology，縮寫為ＩＣＴ）解決社會課題，發起「聯合勸募」（**日本第一個線上募款平臺。二〇一九年累計捐款金額突破十億日圓**）和「Pepper社會貢獻計畫」（運用人形機器人「Pepper」推動程式教育。截至二〇二二年三月，累計教學次數突破五萬次），另外為了支援地方創生和解決在地課題，成立了「區域ＣＳＲ部門」。

專攻業務和行銷的我，怎麼會跑去管理ＣＳＲ部門？二〇一一年東日本大震災時，我偕同公司有志人士發起賑災支援計畫，之後參與籌設「東日本大震災復興支援財團法人」（現在的「支援兒童未來財團法人」）。

我組織義工團隊、舉辦募款活動，甚至參與籌設財團法人，是因為我也有孩子，強烈希望持續支援受災兒童，直到他們長大成人、在日本各地發光發熱為止。幸好主管支持我的想法，我才能調往ＣＳＲ部門。

身處軟銀集團ＣＳＲ部門，我經常思考該如何協助災區兒童。後來承蒙美國駐日大使館的協助，實現「TOMODACHI（按：日文「友達」的發音，中文為「朋友」的意思）暑期軟銀領袖計畫」（現在的「TOMODACHI暑期軟銀領袖計畫二・〇～培養面對未來的彈性溝通～」）。

以培育東北未來的人才、企業家和能自主行動的人才為目的，CSR部門安排發生東日本大震災時，住在日本岩手縣、宮城縣和福島縣的高中生（二・〇計畫開始也把大學生納入對象）前往美國加州大學柏克萊分校三週，讓他們學習地方貢獻和領導能力。這個計畫始於二〇一二年，目前已經超過一千名高中生參與。

為了掌握地方課題和尋找解決方針，我們舉行實地考察和討論會，並透過發表會提出更好的方法。

「討論會很愉快」、「全部都是初體驗，很有意思」……參與計畫的高中生都表示得到愉快的經驗，但我身為計畫的推行者，卻感到不安。

高中生在三週期間確實投入以實習為中心的美式學習，但他們一直以來接受日本的課堂教育，多數都沒想到這些實習課程有什麼意義，以及如何將所學運用在今後的現實社會。

只有少數高中生，能在實習時意識到美國一流大學師資的思考能力並努力吸收。赴美學習如果只變成美好的回憶實在太可惜，怎麼讓大部分的學生主動發現課題、思考解決方法，並專注於實踐目標？

因此我後來以複習美國的學習為主題，為回日本的高中生舉辦講座。如何活用在美國學到的經驗？如何培養實踐的能力？如何回饋社會更多？我的深思所得，就是本書分享給各位的方法的原型。

其實我在孫正義身邊工作學到的東西，與美國老師教的內容有非常多共通點。在美國看著高中生學習，使我至今透過實務所學的片段知識變得完整。

後來，我以這些內容為基礎舉辦「池田研討會」，至今已有超過六千人參加，社會人士也都給予好評。且我不僅受邀在日本各城市舉辦研討會，也為企業經營者提供培訓課程。而本書內容也適合運用在這類研討會上。

對於我前面分享的表格，你有什麼感想？或許有人認為「方法用不著教，很簡單」，或「只靠二次元表格真的可以避免遺漏嗎？令人懷疑」。

幫我多角度思考、避免遺漏的工具

說到二次元表格，確實我們從小到大經常製作。不過，許多人應該是單純將表格用來整理資料、將資料視覺化或保存紀錄。如果只會這樣運用，縱使理解表格的本質，也很難說是充分發揮表格的功用。

表格可用來多角度思考、避免遺漏，同時也是整理思考的工具。即便是複雜的事物，適當的整理成表格就會一目瞭然。善用表格，可以幫助你做到以下這些事：

- 快速整理複雜的資料。
- 明確發現資料哪裡不足。

- 用銳利的角度比較與評估。
- 深入分析事物。
- 提出自己的構想。
- 督促團體成員工作盡責。
- 按照預定進行計畫。
- 沒有遺漏的和他人溝通。
- 製作整體和細節都一目瞭然的提案資料。
- 可以客觀掌握和說明自己的提案。
- 遇到任何厲害的人物仍可以對等交涉。

此外，透過表格也能理解專業人士的心態，像是「即使開會在即，這一點也須先思考清楚」，或「深思熟慮到這種地步，才可說是盡力做到最好」。

表格也是溝通工具，能促使人們在最短的時間內達成共識——表格的可能性是無限的，可以幫助使用者與主管、部屬、同事、商業夥伴和顧客建立良好的關係，以及讓家人共度愉快的時光。

運用表格思考，與單純整理事實、讓外觀看起來整齊有本質上的差異。本書除了分享簡單的二次元表格有什麼功用與活用方法，也會分享我的職場心態——想讓工作成功，須注意什麼？

在稱不上優秀職場人士的菜鳥時期，孫正義對我說了前言開頭那些話後，我開始製作數千張、甚至數萬張表格，從中學到表格的製作和運用方法。希望這些方法可以為大家帶來一些幫助。

第 1 章

老闆的指示
多半很籠統

1 成功的企劃怎麼做？

不限於職場或生活，**表格可以運用在彙整資訊、思考和討論等各種情況**。

即使不是負責創意或企劃工作，像是被要求「思考下個月的促銷計畫」、「協助公司設立數位轉型推進室」、「針對人才不足，公司要如何應對，請提出方案」、「選擇適合的新合作廠商」、「比較Ａ方案和Ｂ方案哪個比較有利」、「在簡報時確實表達自己的想法」，或「與外部企業協商契約條件時，找到對自家公司有利的妥協點」等，各種場合都可以活用表格。

不過，還是得舉出具體例子才能讓你了解表格的效果，以及如何運用表格思考。假設Ｉ部門經理要求你（部屬）舉辦自家公司的新品體驗會：

I部門經理：「前陣子我與對手公司的董事B談話，聽到很有意思的事，希望我們公司也可以盡快實施。以往只要公司推出新品，就會進行廣告宣傳或在店面展示，然後製作銷售人員推廣用的說明資料和影片，但隨著每年商品功能越來越複雜，感覺越來越難讓消費者理解。

「而B告訴我，為了同時宣傳商品和利用網紅行銷，應該要舉辦新品體驗會。除了讓消費者體驗商品，希望還可以另外安排一些特別的內容。而且除了東京，也要在其他的大城市推廣。此外，我們要在日本全國募集一百名以上的體驗者，在各地以『期間限定網紅』為名舉辦活動，宣傳新品與競品的差異、促使消費者認識商品。你要取得代理商和廣告公司的協助，盡快抓緊時機進行有效率和有效果的宣傳。首先以你為中心擬出企劃，待組織定案後再發表於業務行銷策略會議。希望你好好把握機會，我很期待。」

面對這樣的要求，你該如何規畫體驗會？

2 兩張表，避免思考遺漏

接下來，我會示範如何運用兩種表格來構思新品體驗會的企劃。這兩種表格的活用法在後面的章節會詳細說明，在此先讓你理解這兩種表格的差異：

5W1H表，從目的回推

本書稱第一種表格為「5W1H表」，其核心是5W1H，也就是何時（When）、何處（Where）、何人（Who）、何事（What）、為何（Why）和如何（How）。

我想你應該知道，提出 5W1H，是為了網羅必要的資訊，以做到不遺漏的傳達訊息。

所謂不遺漏的傳達訊息，就是只要掌握必要的資訊，就能了解主要的內容。網羅 5W1H 後再思考，可以在彙整、討論資料時避免漏掉重要的資訊。

不過，眾人熟知的「何時↓何處↓何人↓何事↓為何↓如何」順序，是為了讓新聞報導等事實容易理解才如此排序，並不適用於本書提到的彙整資訊、做決定和提出意見的方法。

尤其在職場上，一般不是依據何時、何處、何人、何事、為何、如何的順序來決定事物，**而是先知道為何、要做什麼，然後再決定何時、何處、何人、如何**。

用具體的例子思考就會了解。主管通常不會在沒有目的、概要等，什麼提示都沒有的情形下，就要求部屬在一個月後（＝何時）提案。

即使有，大都也局限於對目的和概要有基本認知的情況。比方說，假設某位員工日常的工作包含撰寫當季食材的行銷企劃案，縱使主管沒有一一說明行銷目的，那名員工也大概了解（即便如此，製作表格時最好也把「以為大家都懂」的內容寫出來比較好）。

有了想達成的目的，就能思考要做什麼（概要），再陸續決定相關人士、場所、時期和細節——請你透過這個順序來製作表格。此外，5W1H各項的意義也要調整，以適用於商業領域：

- 目的（Why）：為什麼要做？
- 概要（What）：要做什麼？
- 相關人士（Who）：誰主導、與誰合作、對象是誰？
- 場所（Where）：在什麼場所？
- 時期（When）：何時？時間期限？
- 細節（How）：如何做？

效益分析表，找到相對有利的選項

第二種表格叫做「效益分析表」，此表的主要作用是藉由比較，選出更有利的方案。

比方說你在填寫 5W1H 表上的場所時，煩惱「選 A 會議室好，還是 B 會議室好」。為了用公正的角度選出符合目的的選項，就需要效益分析表。

當你有兩張 5W1H 表，也就是遇到該判斷兩個方案哪個更好的情況，效益分析表就可以派上用場。

在職場上，通常不會只提出單一方案並直接執行，而是會思考數個方案，視情況甚至多達數十個，再從中選出相對有利的提案。

問題是：**什麼是相對有利的選項？該用什麼基準做選擇？**

舉個例子來說，請思考三個不動產物件。第一間是在郊外的三房兩廳透天厝，有庭院和車庫；第二間是在市中心的一房附廚房公寓，離車站近；第三間是位於某高級住宅區的五房兩廳豪宅。對你來說，相對好的房子是哪一間？

根據當事人、情況和目的不同，選擇的房子也會不一樣。從不動產的價格來看，第三間房子或許最有價值，但如果是自己買來住，可能負擔不起，又或者房子太大、房間過多。

世人眼中的高價值，對自己來說不一定是好的選擇。這裡列舉的三間房子都是極端例子，或許也有人覺得這三間都不好，比起從這三間房子當中挑選，不如繼續住在現有的房子。

由於不存在對任何人、任何狀況或任何目的都絕對有利的選項，所以用什麼基準做評估非常重要。然而，我們往往容易只憑感覺做決定。

如果是獨居者，選擇一房附廚房公寓，或許可以用「不知為何就是喜歡這間房子」為理由定案。不過，**在職場上擬定企劃或評估供應商時，就不能光憑「不知為何就是喜歡」做決定**。

「為什麼不是選其他企劃而是這個企劃？」、「為什麼不是在其他地點而是這個地點？」、「為什麼不是選別的供應商而是這間公司？」這時，必須用客觀的角度明確評估。

無論如何公事公辦，我們仍無法將感情和理性思考完整切割開來。尤其在心有偏愛或有厭惡感的情況下，更難以用公平的角度選擇相對好的提案。這是人之常情，所以效益分析表是非常有效的工具，可以協助我們用客觀角度找出相對有利的選項。

交替使用兩張表格

5W1H表和效益分析表各有其功能，而交替運用可以提升企劃的精確度，或有助於你準備簡報，這是由於它們可以相輔相成。這兩種表格具備以下性質與用途：

1. 5W1H表

- 能彙整資訊，找出遺漏之處。
- 有助於使用者深入思考一件事。
- 可簡單傳達事情整體面貌。
- 注意點一：一張表格僅能呈現一個構想。如果放入數個構想，使用者便無法深入思考。
- 注意點二：如果有數個構想，很難客觀比較。

2. 效益分析表

- 能比較數件事情和構想。
- 有助於轉換評估事情的角度。
- 可將優點與缺點視覺化。
- 注意點一：無法顯示全貌——由於沒有統整性，無法當作主要資料。

• 注意點二：可提供思考的轉折點，但難以深入探討。

5W1H表有助於使用者彙整資訊和深入思考一件事，可用於傳達事情全貌，或使用者與立場不同的人討論時，能用以發揮真正的價值。

另一方面，效益分析表可用來比較數件事情、有助於轉換評估事情的角度，或將選項和構想的優缺點視覺化。

回到本書前面的內容，被主管要求構思新品體驗會的提案時，就可用下列的形式交替運用5W1H表和效益分析表，在深入思考和參考多種觀點後，完成優秀的企劃：

• 第一步：運用5W1H表彙整資訊。
• 第二步：蒐集不足的資訊後，補充到5W1H表上。

- 第三步：如果 5W1H 表當中還有空格沒有填上，就製作效益分析表來比較。
- 第四步：把第三步得出相對有利的選項補充到 5W1H 表上。
- 第五步：重複第二步至第四步以完成提案。

接著進行下列步驟來評估各種要素，最終完成企劃。

- 第六步：重複第一步至第五步，製作數個方案。
- 第七步：藉由效益分析表比較所有企劃。
- 第八步：運用 5W1H 表微調選出來的構想。
- 第九步：重複第六步至第八步，以完成更優質的企劃。

接著，我會分別說明 5W1H 表和效益分析表的製作方法和使用方法。

3 第一步：彙整現有的資訊

讓我們回頭看 I 部門經理的指示，用表格思考企劃案。第一步就是把現有資訊填入 5W1H 表：畫出下頁圖表 1-1，接著逐項思考要填入什麼內容。

首先是目的（Why）。I 部門經理指示「在各地以『期間限定網紅』為名舉辦活動，宣傳新品與競品的差異、促使消費者認識商品」。

他也有提到：「隨著每年商品功能越來越複雜，感覺越來越難讓消費者理解。」在此背景下，他期待藉由培育能推廣自家商品的網紅，促使消費者了解新品，接著利用廣告活動，讓大眾理解自家商品的特色。所以，目的就是透過這兩個方法，來銷售更多的新商品。

接著是概要（What）。I部門經理表示「為了同時宣傳商品和利用網紅行銷，應該要舉辦新品體驗會」。也就是說，他的目標不只是舉辦本次的新品體驗會，而是把體驗會視為今後廣告活動的一環。

因此，不只是這次的體驗會，由於體驗會是後續廣告活動的一環，也要把廣告活動寫進表格。

接下來，是相關人士

圖表 1-1　5W1H表的格式

項目	內容	筆記
目的（Why）		
概要（What）		
相關人士（Who）		
場所（Where）		
時期（When）		
細節（How）		

（Who）。I部門經理有提到募集一百名以上的體驗者、網紅，以及「要取得代理商和廣告公司的協助」，這些都要寫入表格。不過，他雖然提到代理商和廣告公司，卻沒有說明需要他們協助什麼事。

第四點是場所（Where）。針對這點，I部門經理指示不只東京，也要在其他的大城市，也就是在東京和其他地區舉辦體驗會。

第五點是時期（When）。根據I部門經理的指示，與時期有關的關鍵字是「盡快抓緊時機」，所以只能寫「盡快」。

最後是細節（How）。就是指新品體驗會，在表格先寫下租借會場、在各地舉行活動。

由於I部門經理有意培育網紅，因此不能只舉辦一次體驗會後就結束，平時也要進行廣告活動，像是線下活動或在社群平臺發文。

彙整前面的資訊並填入表格後，就會呈現出下頁圖表1-2。

表格右側設置了「筆記」欄位（寫上疑問點和擔憂事項），補充「內容」

圖表 1-2　先根據指示內容填寫

項目	內容	筆記
目的 （Why）	培育期間限定網紅來宣傳新品，並透過廣告活動增加曝光度、讓消費者理解新品與競品的差異。	
概要 （What）	活動：期間限定的新品體驗會。 廣告活動：活動後推行廣告。	
相關人士 （Who）	主辦單位：本公司。 協力廠商：廣告公司？代理商？ 網紅：共 100 名以上＝一個地點好幾名×舉辦地點。	協力廠商要負責什麼？
場所 （Where）	東京＋其他大城市？ 共幾個地點？	
時期 （When）	活動：盡快。 廣告活動：盡快。	
細節 （How）	活動：在各地租借會場，一日活動提供下列內容： • 商品體驗。 • 特色說明。 • 廣告相關的活動方法。 廣告活動：由網紅舉辦線下活動，或在社群平臺發文： • 線下活動的頻率、試用品。 整體費用：？ 促銷效果：？	詳細檢查活動商品、活動內容。

以外的模糊點。重點是把在意的事情全部填入表格，盡可能讓人一目瞭然所有的疑問點。

只有大致的期望，不能完成表格

前面看似已經根據 I 部門經理的指示，填寫成圖表 1-2。這樣就大功告成？並沒有。這只是「看起來像樣」而已，其實還有很多模糊不清的地方。我把圖表 1-2 中模糊點標成粗體字後，整理成下頁圖表 1-3。

如何區分明確點與模糊點？可以從「能否直接交代給部屬和相關人士」的角度思考。如果**直接交代給部屬和相關人士後，對方可以馬上行動（＝清楚該做什麼）**，那這部分就是明確點，並非如此的話就是模糊點。

比方說場所（Where）。

表格裡寫「東京」，是指東京的哪裡？還有「（日本的）其他大城市」，有

圖表 1-3　把圖表 1-2 的模糊點標成粗體字

項目	內容	筆記
目的 （Why）	培育期間限定網紅來宣傳新品，並透過廣告活動增加曝光度、讓消費者理解新品與競品的差異。	
概要 （What）	活動：期間限定的新品體驗會。 廣告活動：活動後推行廣告。	
相關人士 （Who）	主辦單位：本公司。 協力廠商：**廣告公司？代理商？** 網紅：**共 100 名以上＝一個地點好幾名×舉辦地點**。	**協力廠商要負責什麼？**
場所 （Where）	**東京＋其他大城市？** **共幾個地點？**	
時期 （When）	活動：**盡快**。 廣告活動：**盡快**。	
細節 （How）	活動：在各地租借會場，一日活動提供下列內容： • **商品體驗**。 • **特色說明**。 • **廣告相關的活動方法**。 廣告活動：由網紅舉辦線下活動，或在社群平臺發文： • **線下活動的頻率、試用品**。 **整體費用：？** **促銷效果：？**	**詳細檢查活動商品、活動內容**。

粗體字：模糊的要點。

些人認為是大阪、名古屋，也有人會把福岡和札幌算進去。也有人認為是橫濱、名古屋、京都、大阪、神戶，或札幌、仙台、名古屋、大阪、廣島、福岡、那霸。

如果只看 I 部門經理的指示，根本不清楚要在什麼城市、共幾個地點舉辦活動。

時期（When）也是一樣，前述表格裡直接寫上「盡快」。當部屬和相關人士收到這樣的指示，便不知道如何規畫工作的行程。

I 部門經理似乎口頭交代得很詳細，但經過這番整理後你可以發現，其實幾乎沒有什麼明確的資訊。

確實如此，**工作上收到的指示，很多都是不足和模糊的資訊**。因此在實際行動之前，員工可以運用表格弄清楚。

為什麼我推薦你運用表格彙整資訊？

I 部門經理的指示很模糊，即使從未在工作上使用表格的人，也會意識到資訊不足。因此，或許有人會想：「沒有必要為了掌握模糊或不足的資訊，特地彙整成表格吧？」不過，話不能這麼說。

只是彙整成表格，就可提升效率

特地製作一覽表，把資訊視覺化這件事其實非常重要，因為我們很常一得到資訊就貿然行動。

其實，累積了相當經驗的人，即使訊息模糊，某種程度上還是可以進行工作。但只根據手邊的資訊行動，遇到不清楚的地方就須逐一確認，或只憑主觀的想法隨意判斷。

如果須逐一確認的話，每次都得與相關人士交涉，非常耗費時間；若是只憑主觀的想法隨意判斷，可能無法意識到自己以不客觀的角度審視。因此工作時容易超出指示範圍行事，還可能判斷錯誤，甚至做到一半又得再次重做，無形中也不斷浪費時間和勞力。

為了避免陷入這種情況，接收到指示後須彙整成 5W1H 表，找出模糊點和擔憂點。把資訊整理成一覽表，才可在充分了解現有資訊有無不足的情況下工作。

這不只適用於根據指示制定企劃，也非常適用於單純被交代工作的情況。藉由 5W1H 表，你可以明確區分哪些是已經決定的事、指示者預期的事，哪些是不清楚的事、必須確認的事、尚未決定的事，以及接下來必須自己提案的事。

這是為了高效工作和超常發揮的必要過程。用表格列出清楚與不清楚的事，有助於你省時省力：

1. 已經決定的事、清楚的事

- 如果了解：能大致明白實踐方向，知道被要求做什麼、要做到什麼程度，所以可以有自信的執行。

- 如果不了解：進行到某種程度後，發現成效不符合前提條件等本質上的錯誤，只得重做。

2. 尚未決定的事、不清楚的事

- 如果了解：能為了搞清楚尚未決定的事做準備，或可以自行提案。
- 如果不了解：執行者憑主觀工作，成效經常不符合指示者的期待。

4 5W1H，只可增不可減

前一節彙整了現有資訊並填入 5W1H 表當中。不過只有 5W1H 的六個項目，還不能稱得上完備。舉個例子，我在地方政府舉辦研習會時，會讓參加者以活動企劃為題，練習填寫下頁圖表 1-4。

雖說是 5W1H 表，但這個表格必須填寫十六個項目才算完成。不過仔細一看，統括各個小項目的大項目（目的、概要、相關人士、時期、場所和細節）確實就是 5W1H。

如果在大項目中加入 5W1H，下一層制定小項目時，你能更全面的寫出適當資訊。

圖表 1-4　5W1H 表可以再細分

大項目	小項目	內容	筆記
目的	我方		
	區域		
	公司、團體		
概要	主旨		
	使用設備		
相關人士	主辦單位		
	協力廠商		
	參加對象		
	規模		
時期	告知日期		
	活動實施日		
場所	舉辦場所		
細節	吸引顧客		
	預算		
	費用		
	當日運用		

圖表 1-5　把相關人士進一步細分

大項目	小項目	內容	筆記
相關人士	主辦單位	本公司	
	協力廠商	代理商、廣告公司	協力廠商要負責什麼？
	參加對象	期間限定網紅	

舉I部門經理的指示為例，符合「相關人士」的資訊有好幾項——包含「全國一百名以上的體驗者」、「代理商和廣告公司」和「期間限定網紅」。

把相關人士的項目進一步細分後，可以歸納成圖表1-5。

為了透過5W1H表進行全面思考，就要以5W1H為中心進一步細分，以完整思考更全面的表格。

在I部門經理的例子中，也可以運用細分版的5W1H表。這樣一來，相關人士這欄一開始可分成主辦單位、協力廠商和參加對象。填上這些欄位後，必須弄清楚的項目馬上一目瞭然。

如果事先準備好這張細分版的表格，蒐集追加資訊時，**就可以積極向指示者詢問之前沒提到的部分**。假設I部門經理完全沒有再提到協力廠商的事，部屬也可以主動詢問。

製作什麼樣的表格，才可以蒐集到更符合目的的資訊？這就要請各位配合自己的工作動腦了。首先，製作簡單的5W1H表，再進一步細分成更多小項目，完成專屬於自己的5W1H表。

不可刪減大項目

製作5W1H表時，可以細分、增加小項目，但**不可任意刪減5W1H這六個大項目**——無論最終如何呈現，5W1H一定要全部寫出來。

不過，即使我特意提醒，還是會有人在製作表格時任意刪減項目。詢問他們為什麼這麼做後，我統整出下列理由：

1.「因為是理所當然的事」

詢問為什麼任意刪減5W1H後，我最常聽到的回答是「這種理所當然的事，不寫也知道」。

舉個例子，某位上班族針對公司的內部活動來製作表格。該公司的內部活動總是使用會議室，那場活動也是預定使用會議室。在這種情況下，不能因為「總是在相同地點，覺得沒有必要寫」，而刪除場所的欄位。5W1H表上一定要設置場所欄位，然後寫下「會議室」。

為什麼即使理所當然也必須寫出來？這是因為**「認為是否理所當然」是因人而異；而且如果不寫出來，會喪失檢討的機會**。

即使在同一個組織，隨著工作資歷不同，具備的經驗值、與他人的默契也因個人情況不同而有差別。如果工作上沒有意識到大家的認知差距，可能會造成麻煩或錯失重大機會。

自己認為理所當然的事，或許還是有人不知道。彙整資料時為了避免遺漏以及確切的共享資訊，不可以任意刪減5W1H。

此外，理所當然這件事本身也是問題。舉這個內部活動的例子來說，如果場所是因為「總是在會議室舉辦，所以這次也是如此」而決定，就無從得知選擇是否真的正確。有時候隨著活動內容不同，其他會場或許更適合。

在表格寫下舉辦地點，可以讓大家重新檢討：「會議室真的是最適合的場所嗎？」還有，如果以既定的想法來思考企劃，構思活動時，無形中可能會被「會議室」這個場所局限。

2.「就算沒寫出來，大家也懂」

「就算沒寫出來，大家也懂」——與第一點有點類似，也是許多人任意刪減項目的理由。

我平常在企業或地方政府舉辦研討會時，一定會玩一個解謎遊戲：參加者五人為一組，同一組裡的成員分別會獲得資訊A、B、C、D與E，在特定規則下與團隊成員共享資訊，就可以得到謎題的正確答案。

規則就是「只能與指定的成員交涉」，以及「不可以交談，想傳達時只能透過紙和筆」。

這個遊戲很簡單，如果全員適當的共享所有資訊，五分鐘左右就能破解，但大概只有一半的團隊解出正確答案。為何有這麼多團隊無法達成目標？原因是團隊裡有某些成員刪除了他覺得不必要的資訊，或覺得少一個字也可以傳達，於是省略。

其實在工作上也是一樣的道理。「我以為是不必要的資訊」、「我以為就算不說，大家也知道」、「省略這些，傳達時會更有效率」……這些都不能成為刪減 5W1H 的理由。

3.「不覺得有意義，認為沒有必要說」

也有人因為「覺得微不足道」，而刪減項目。

前述的遊戲當中，部分的資訊參雜了混淆視聽的內容。只要所有的資訊蒐集齊全，就能得到解謎的關鍵，但如果分開解讀就會看不懂。這些資訊如果沒有共享，團隊就會在缺乏關鍵資訊的情況下進行遊戲。

這種情況在職場上也不少見。明明團隊中有成員握有關鍵資訊，卻沒有與團隊共享。決策者可能因此無法做決定而錯失機會，或只能憑直覺和主觀下決定。如此一來，成功率當然會下降。

為了避免重要資訊無法傳達，5W1H絕對不可以刪減，一定要保留所有欄位，即使是你認為理所當然的資訊，也一定要填入表格中。

發現缺漏比挑錯難上數倍

有關刪減項目，或許有些人認為：「即使刪掉了，重要問題應該還是會再次檢討，不會出什麼大事吧？」、「如果還不確定，寫了反而會導致混亂不是嗎？既然這樣不如不寫。」

這些都是錯誤的想法。因為項目一旦刪減，我們就會莫名的忽略它們。和判斷寫下的內容是否正確相比，人們更難以意識到沒寫下來的內容。

我曾經從朋友那裡收到沒有寫日期的喜帖。由於朋友匆忙的處理，所以在製作喜帖的過程中不小心誤刪了日期，之後沒有注意到就寄出去。朋友好像將沒有寫日期的喜帖寄給所有想邀請的賓客，後來他告訴我會重寄，請我把原本的喜帖作廢。

收到喜帖的人可能會覺得「喜帖上沒寫日期也太誇張」。其實新郎與新娘花了很多心思，甚至還加上手寫訊息，確實做得很棒。沒想到竟然出現這種差錯，他們應該也很吃驚。

不過，如果日期那欄是寫「十四月三十五日（週六），三十三點開始」這種誇張的內容，一眼看過去就會覺得很奇怪，搞不好在寄送前會發現錯誤。

想避免該寫卻沒有寫的情況，需要全面性的思考，也就是在一開始就寫出

5W1H所有要素，然後不可以隨意刪減任何項目。

如果5W1H表當中還有空格（筆記那欄空著沒關係），該怎麼處理？或像第四十六頁圖表1-2一樣寫了一堆問號時，首先該做什麼事才能消除問號？

如果表格有空格或出現一堆問號，可以從兩個方向思考。

其一是資訊蒐集不足。有時候明明指示者有更詳細的資訊和期望，我們卻沒有問清楚。有的情況是指示者本身也不知道，只知道可以問誰，比方說給出「有關這點請去問J部門經理」的指示。此時蒐集的資訊，就是接下來進行企劃案前必須掌握的條件。

回到前面I部門經理的例子，他要求你構思「培育網紅的新品體驗會企劃」，如果企劃裡漏掉關於體驗會的內容，即使你上交的是「提供公關品給網紅的企劃」，也不可能被採納。

想避免資訊蒐集不足，可以參考第二章介紹的「報聯商」、第四章介紹的「打探」。

其二是加上自己的意見和想法。舉 I 部門經理的例子，他只有下指示。所以針對表格中問號的部分，你必須加上自己的想法，並制定草案。

不過即使制定草案，如果只是想到什麼就寫什麼，對討論也沒有幫助。提案必須有根據和一貫性。

下一節會介紹效益分析表。接下來的內容，會教你如何從原本充滿問號的表格，一步步寫成企劃案。

5 請主管做決策前，先整理自己的想法

在第四十八頁圖表1-3中，目前可以得知的明確資訊只有目的（Why）和概要（What）。接下來針對問號的部分（有些情況下是空格）整理提案內容。尚未決定的事情是相關人士（Who）、場所（Where）、時期（When）和細節（How）。要從哪裡開始思考？

其實，思考的順序沒有正確答案，配合企劃者（或指示者）的想法和目的，或根據企劃的彈性程度，決定思考的順序就好。

例如，籌備PCR檢測中心時，我是從時期（When）開始思考。因為考量到當時日本的社會與經濟狀況，我認為短時間內成立中心是最重要的事。

我之前構思另一個企劃「SoftBank東北絆CUP」時，是從場所（Where）和相關人士（Who）開始思考。該企劃以日本東北三縣（東日本大震災災區）的中小學生為對象，為他們提供特別的體驗，項目包含排球、棒球、足球、自行車、桌球和管樂。利用職業比賽或練習的會場，讓平常沒有機會見面的孩子進行友誼賽、與著名的運動員交流，以及在大舞臺演奏等，透過運動等活動提供夢想和希望。

發起這個企劃的動機，是得知災區由於避難破壞了中小學的連結，也失去透過社團比賽交流的機會。因此，這個課題須從場所的東北三縣、相關人士的中小學生開始思考。

所以要根據自己的考量，決定從哪裡開始著手，有時甚至得一次先決定好幾個項目。有了上述前提後，我們再次檢視新品體驗會的企劃。

首先，企劃整體還有很多問號，代表策劃的自由度很高，即使不從特定項目開始思考，仍可以達成I部門經理的指示，且也並非由某些特定項目決定成敗。另外，從I部門經理的指示中，可以感受到他想打造出獨特感、強調「期間限定」。

依自己的想法填寫

如同前述，你身為企劃者，接收I部門經理的指示後，理解到活動目的是「培育『期間限定網紅』宣傳新品，透過廣告活動增加曝光度，讓消費者理解新品與競品的差異」。而你為了讓活動變得更好，先針對細節（How）思考。

在圖表1-3中加入你的構想後可以得到左頁圖表1-6，標記灰底的地方是自己的構想。

以下是產出構想的過程。

先從活動，也就是體驗會開始思考。

首先是目標商品。比起提供多種體驗試用的商品，集中火力宣傳一件商品

圖表 1-6　在圖表 1-3 中加入自己的構想

項目	內容	筆記
目的 （Why）	針對本公司的主力商品A商品，培育期間限定網紅來宣傳新品，並透過廣告活動增加曝光度、讓消費者理解新品與競品的差異。	
概要 （What）	活動：期間限定的新品體驗會。 廣告活動：活動後推行廣告。	
相關人士 （Who）	主辦單位：本公司。 協力廠商：**廣告公司**（支援＋公關）。 **代理商**（安排設備）。 網紅：一般意願者，**共 100 名以上＝一個地點好幾名×舉辦地點**。	
場所 （Where）	**東京＋其他大城市？** **共幾個地點？**	
時期 （When）	活動：**盡快**。 廣告活動：**盡快**。	
細節 （How）	活動：在各地租借會場，一日活動提供下列內容： • 設置商品展示區、說明板，並讓體驗者可自由出入。 廣告活動：由網紅舉辦線下活動，或在社群平臺發文： • 向周遭親友介紹、在社群平臺宣傳、提供商品券 5,000 日圓。 整體費用：東京 300 萬日圓（會場 100 萬日圓＋營運 100 萬日圓＋設備 100 萬日圓）。 **促銷效果：？**	（A購物中心的活動大廳，約＊平方公尺）。

粗體字：模糊的要點；灰底：自己的構想。

會讓人留下更深刻的印象（書中的案例為「主力商品A商品」）。

假設A商品是目前自家顧客評價很好的產品，除了功能多元，設計上連細節都很講究。而為了讓參與體驗會的人了解商品的功能和特色，最好能讓他們實際接觸商品。因此，除了展示商品，也要設置供人自由使用的展區。

此外，有些功能只透過觀賞和接觸還是難以了解，設置說明板就可以讓更多人理解。

為了讓更多人體驗，你想採取可自由進出會場的形式。因此初步構想為租下購物中心的活動大廳，讓來購物的顧客從早上九點到晚上六點都可參與體驗會。會場暫定在「A購物中心的活動大廳」舉辦，面積為＊平方公尺，場地費大約為一百萬日圓。

另外，預計由自家員工負責營運，再請活動代理商安排設備、販售代理商提供人力支援，應該可以讓活動更順利。

如此一來，已經可以大致看到活動的雛形。

接下來是廣告活動。如果在體驗會發送新品，讓體驗者口耳相傳，也算是體驗會後的廣告活動，為此必須準備相關的宣傳資料和新品。

此外，為了鼓勵參與者在社群平臺上踴躍分享，如果在體驗會後一年內有效宣傳，便提供五千日圓的商品券當謝禮。

或許有人會覺得自己似乎擅自決定了活動的大部分內容。不過，圖表1-6寫的終究只是未定草案，是給指示者過目的初始構想。

當你實際在工作時製作表格，可用其他顏色寫下這個階段的構想，以區別已決定的事項。

比製作完美企劃案更重要的事

可能有人認為：「不必這樣繞一大圈，在用表格彙整資訊的階段就找主管商量，會不會更快？」但這是錯誤的。

如果不是製作企劃案，只是員工被交代做事，那在用表格彙整資訊的階段就向上請示是正確做法。但Ｉ部門經理是要求部屬製作企劃案，對於表格中空白和問號的地方，Ｉ部門經理也沒有定案，甚至沒有人可提供正確答案。

在這種狀態下，如果只是把既有的資訊整理好後交給Ｉ部門經理，他或許會回覆：「要再多用點腦子思考！」若Ｉ部門經理比較親切，他可能會回饋：「自己思考看看，拿出你覺得最好的提案。」

拿著只彙整好既有資訊的表格去找Ｉ部門經理，等於是「直接詢問主管怎麼做」，擺明就是讓他決定，相當於不負責任。

確實有些情況是以這種方式定案，但不管Ｉ部門經理多麼優秀，突然在他眼前拿出一張表格，詢問他：「這個要怎麼處理？」他也無法有系統的思考、馬上做決策。

這種情況下完成的企劃只會差強人意，如果這樣的企劃一旦定案，部屬便難以再推翻。由於是請部門經理做決策，就算之後發現哪裡不好，也很難提出意見。即使懷疑：「透過這個企劃真的可以達到目的嗎？」也為時已晚。

為了避免出現這種狀況，部屬要先提出自己的想法，並製作客觀的資料（效益分析表，本書後面會詳細介紹），藉此說明提案的優點。

做好這些準備後再請Ｉ部門經理評估，才可以完成更好的提案。

重點不是靠自己寫出完美的企劃案，而是善用比自己優秀的人（這個例子是指Ｉ部門經理）**的智慧，用更好的方式達成企劃的目的**。然而，這個過程必須經歷被批評的階段。

不過，經過被批評的過程後，不只原本的構想會變得更好，企劃能力也會提升。不須認為被批評等於壞事，請試著提出自己的構想。

加上他人的意見

第六十七頁圖表1-6中已寫上自己的構想，但沒有蒐集客觀資料，來解釋

「為什麼我覺得這個企劃好」，也沒有考慮到部門經理重視的獨特感、強調「期間限定」。假設你後來在其他會議，和Ｉ部門經理商量：「關於新品體驗會，我想不出好點子……。」而他建議你請教行銷部的意見，於是你馬上跟行銷部的同事Ｍ約好時間討論。

你拿著表格對Ｍ說明自己的構想，但他的反應不太理想，並指出需要改進的地方。而你根據他的建議，製作了另外一張5W1H表（見第七十四頁圖表1-7）：

- 目前的提案沒有強調獨特感、「期間限定」。
- 與一般的體驗會幾乎相同，沒有新的創意。

那麼，該怎麼做才能展現出獨特感、「期間限定」？Ｍ給了以下幾個建議：

- 贊成聚焦在A商品上。然而，只透過一次體驗會，就想讓人完全了解A商品的特色，不會太困難嗎？
- 邀請名人使用A商品，請他分享商品特色？
- 能否運用商品機能，設計某種遊戲？
- 活動是否限縮在三小時左右？
- 把對象鎖定在善於宣傳的網紅，從各個年齡層當中，分別找十名以內的男女意願者？之後再舉辦少數人的線下活動以進行宣傳？
- 折價券等謝禮，規定只能使用在相關商品上？
- 贈送A商品給協助宣傳的人，並讓他們可以優先體驗下次新品？以線下活動的參與次數、社群平臺的投稿頻率和次數作為判斷標準？
- 針對今後的廣告活動，是否安排妥善說明的時間？

比起自己的提案，M的建議更傳達出獨特感、「期間限定」的感覺。

圖表 1-7　根據 M 的建議修改 5W1H 表

項目	內容	筆記
目的 （Why）	針對本公司的主力商品A商品，培育期間限定網紅來宣傳新品，並透過廣告活動增加曝光度、讓消費者理解新品與競品的差異。	
概要 （What）	活動：期間限定的新品體驗會。 廣告活動：活動後推行廣告。	
相關人士 （Who）	主辦單位：本公司。 協力廠商：**廣告公司**（支援＋公關）。 **廣告代理商**（推行企劃）。 網紅：學生、二十多歲、三十多歲、四十多歲、50 歲以上，預計各 10 名以內，男女混合。**所有地點共 100 名以上＝一個地點好幾名×舉辦地點**。	
場所 （Where）	**東京＋其他大城市？** **共幾個地點？**	
時期 （When）	活動：**盡快**。 廣告活動：**盡快**。	
細節 （How）	活動：在各地租借會場，3 小時活動提供下列內容： • 說明特色、名人分享體驗。 • 體驗 A 商品、設計相關遊戲。 • 說明廣告活動方法。 廣告活動：由網紅舉辦線下活動，或在社群平臺發文： • 線下活動一年 8 次以上、社群平臺分享 75 次（每週一至兩次）以上→A 商品免費、下次體驗。 整體費用：東京 800 萬日圓（會場 300 萬日圓＋營運 300 萬日圓＋設備 200 萬日圓）。 **促銷效果：？**	3 小時＝ 開場、說明 30 分鐘 體驗 45 分鐘 遊戲 60 分鐘 廣告 45 分鐘 其他？ （B 購物中心等，約X平方公尺）。

粗體字：模糊的要點；灰底：自己的構想；加底線：M 的構想。

針對 5W1H 表的細節，比方說「活動要舉辦三小時還是四小時」，或「線下活動要幾次、社群平臺的投稿要幾次」等，若活用效益分析表，可以讓構想變得更好。

不過，**如果還沒有決定好大方向就先填寫細節，只會徒增工作和耗費時間**。為了確立大方向，先把暫定事項填入表格即可。等到實際提交企劃前，再補充細節就好。

6 比較優劣，不憑感覺

前面我製作了兩張5W1H表（見第六十七頁圖表1-6、第七十四頁圖表1-7）。哪一個方案比較符合I部門經理期望的目的（Why）？以下運用效益分析表比較兩個方案。首先在縱軸填上選項，這次情況是填上自己的方案和行銷部M的方案（見左頁圖表1-8）。

那麼橫軸要填上什麼？橫軸要填的是用來判斷的重要指標。根據I部門經理的指示和行銷部的建議，你認為這次企劃有三個要點：

- 透過體驗，顧客可以理解A商品與競品的差異嗎？

圖表 1-8　透過效益分析表評估

	綜合評估			
自己的方案 自由參加＋體驗				
行銷部 M 的方案 名人分享＋遊戲				

- 身為來賓的網紅，能讓體驗會傳達出獨特感嗎？
- 性價比如何？

基於這三點，橫軸就填上「理解度」、「獨特感」和「成本」（見下頁圖表 1-9）。

效益分析表的架構就此完成。在此選擇三個要點作為橫軸項目，如果還有其他要點，就再追加欄位。

效益分析表要「直」填

表格完成後，在「綜合評估」以外的直行空

圖表 1-9　在橫軸填上評估要點

	綜合評估	理解度	獨特感	成本
自己的方案 自由參加＋體驗				
行銷部M的方案 名人分享＋遊戲				

格，分別以數字一至三評分，最高分為三、最低分為一。為了盡可能客觀判斷，建議表格要直向填入分數（見左頁圖表1-10）。

先來看「理解度」，比較優秀的應該是行銷部M的方案，那就填上數字三；自己的方案好像較難理解，所以填上數字一。後面的評分方式也相同。

如果被主管要求解釋評分依據，可以說明是基於「以理解度來說，比起僅展示和接觸商品體驗，名人分享和遊戲應該更有利於提升理解度」來比較。

此外，表格上可以簡單補充評分理由，方便之後再評估和做簡報。

圖表 1-10　效益分析表要「直」填

	綜合評估	理解度	獨特感	成本
自己的方案 自由參加＋體驗		↕	↕	↕
行銷部M的方案 名人分享＋遊戲		↕	↕	↕

至於較難明確評估的事項，則參考專家、第三者意見，或調查數據等，會更具客觀性。此外，表格旁邊也可以寫上第三者意見等相關資料，有利於日後製作簡報。

如果不同方案的評分相同，填上相同數字也無妨。但如果是比較四到五個方案，評分數字可設定為一至五，且**評分時分數盡量不重複，會更利於和他人討論**。

另一方面，表格盡量避免橫向評分：「行銷部M的方案其理解度是三分、獨特感是三分……。」這樣會無意識想拉高偏好方案的整體分數。另外，各別解釋給分依據時，也要小心偏向主觀的說明。

圖表 1-11　評分的參考依據可寫進表格

	綜合評估	理解度	獨特感	成本
自己的方案 自由參加＋體驗		1	1	3 300 萬日圓
行銷部 M 的方案 名人分享＋遊戲		3	3	1 800 萬日圓

接著繼續填寫圖表 1-10。

針對「獨特感」的部分，行銷部 M 的方案是邀請名人，以遊戲的方式進行體驗，所以可以給三分；自己的方案是讓顧客在購物中心購物時順便參考，所以給一分。

「性價比」又是如何？由於不清楚效果，在此只針對費用做評估。行銷部 M 的方案中提到邀請名人、租借可以玩遊戲的會場，一定會比較花錢，根據前面 5W1H 表的估算，花費約是八百萬日圓。

另一方面，由於自己的方案是三百萬日圓，所以行銷部 M 的方案是一分，自己的方案則是三分（見圖表 1-11）。

評分完後，接下來就是把得分橫向加總算出綜合評估。自己的方案合計是五分、行銷部M的方案合計是七分。

為了在之後檢視時了解比較重點，可以在表格上方整理出「前提和評估重點」（見圖表1-12）。

從圖表1-12可知，關於體驗會，似乎是行銷部M的方案比較好。

接著也針對廣告活動製作效益分析表（見下頁圖表1-13）。縱軸一樣填上「自己的方案」和「行銷部M的方案」，下方也分別寫上簡要

圖表 1-12　活動提案是M的方案比較好

前提和評估重點：

- 透過體驗，顧客可以理解A商品與競品的差異嗎？
- 身為來賓的網紅，能讓體驗會傳達出獨特感嗎？
- 性價比如何？

	綜合評估	理解度	獨特感	成本
自己的方案 自由參加＋體驗	5	1	1	3 300 萬日圓
行銷部M的方案 名人分享＋遊戲	**7**	3	3	1 800 萬日圓

圖表 1-13　評估廣告活動

	綜合評估			
自己的方案 口耳相傳				
行銷部M的方案 線下活動＋社群平臺				

的內容。

下一步是填寫橫軸，評估的重點是「能否正確宣傳自家商品與競品的差異」、「宣傳效益」。此外，由於期待網紅發揮宣傳效果，「網紅能否持續宣傳」也不可忽略。

把這些要點條列出來，分別是：

- 能否深入宣傳商品特色（差異點）？
- 有宣傳計畫嗎？
- 網紅能否持續宣傳？

你可以根據前面的要點，在表格的橫軸分別填上「資訊深度」、「推廣力」和「網紅持續宣傳」（見圖表 1-14）。

在此也以數字一至三評分。

首先是「資訊深度」。自己的方案是讓顧客自由接觸和宣傳，由於無法掌握宣傳方式，所以給一分；至於行銷部 M 的方案是透過線下活動接觸，由於宣傳方式可以掌握，所以給三分。

接下來是「推廣力」。自己的方案是透過社群平臺口耳相傳；行銷部 M 的方案有詳細說明如何善用主題標籤（Hashtag）投稿。因此，行銷部 M 的方案是三分，自己的方案則是一分。

最後是「網紅持續宣傳」。行銷部 M 的

圖表 1-14　在橫軸填上評估要點

	綜合評估	資訊深度	推廣力	網紅 持續宣傳
自己的方案 口耳相傳				
行銷部 M 的方案 線下活動＋社群平臺				

圖表 1-15　廣告活動也是M的方案比較好

前提和評估重點：

- 能否深入宣傳商品特色（差異點）？
- 有宣傳計畫嗎？
- 網紅能否持續宣傳？

	綜合評估	資訊深度	推廣力	網紅 持續宣傳
自己的方案 口耳相傳	3	1 自由宣傳	1 社群平臺	1 提供 商品券
行銷部M的方案 線下活動＋社群平臺	**9**	3 網紅透過 線下活動 宣傳	3 善用主題 標籤	3 優先體驗 下次新品

方案提出讓網紅優先體驗下次新品，由於能帶來獨特感，有助於持續宣傳，所以給三分；另一方面，自己的方案是提供商品券，而網紅拿了商品券後，持續宣傳的意願可能不高，因此給一分。

把這些分數填入表格後加總，結果如圖表1-15。廣告活動也是行銷部M的方案比較好。

左頁圖表1-16為統整結

圖表 1-16　根據 M 的意見制定方案

項目	內容	筆記
目的 （Why）	針對本公司的主力商品 A 商品，培育期間限定網紅來宣傳新品，並透過廣告活動增加曝光度、讓消費者理解新品與競品的差異。	
概要 （What）	活動：期間限定的新品體驗會。 廣告活動：活動後推行廣告。	
相關人士 （Who）	主辦單位：本公司。 協力廠商：**廣告公司**（支援＋公關）。 **廣告代理商**（推行企劃）。 網紅：學生、二十多歲、三十多歲、四十多歲、50 歲以上，預計各 10 名以內，男女混合。**所有地點共 100 名以上＝一個地點好幾名×舉辦地點**。 名人：？	
場所 （Where）	**東京＋其他大城市？** **共幾個地點？**	
時期 （When）	活動：**盡快**。 廣告活動：**盡快**。	
細節 （How）	活動：在各地租借會場，3 小時活動提供下列內容： • 說明特色、名人分享體驗。 • 體驗 A 商品、設計相關遊戲。 • 說明廣告活動方法。 廣告活動：由網紅舉辦線下活動，或在社群平臺發文： • 線下活動一年 8 次以上、社群平臺分享 75 次（每週一至兩次）以上→A 商品免費、下次體驗。 整體費用：東京 800 萬日圓（會場 300 萬日圓＋營運 300 萬日圓＋設備 200 萬日圓）。 **促銷效果：？**	3 小時＝ 開場、說明 30 分鐘 體驗 45 分鐘 遊戲 60 分鐘 廣告 45 分鐘 其他？ （B 購物中心等，約 X 平方公尺）。

粗體字：模糊的要點；加底線：本次的提案事項。

果。經過一連串的分析，細節（How）採取行銷部M的方案比較好。

接下來評估尚未探討的場所（Where）和時期（When），繼續把方案填寫完成。

7 補足細節

接下來，運用效益分析表來思考場所（Where）和時期（When），以想出更好的提案。

1. 評估舉辦時期

假設I部門經理是四月下指示，而公司的銷售季是二月、三月、七月和十二月。那麼，什麼時候開始籌備、什麼時間舉辦活動比較理想？

以下示範利用效益分析表，來評估何時適合舉辦體驗會。假設現在是四月十五日。

在此案例中，縱軸應填入體驗會的舉辦時期。

首先來思考，縱使現在開始以最快的速度籌備，趕在五月舉辦似乎仍很勉強。之後雖然隨時可以舉辦，但是銷售季時公司的工作繁忙，如果又要舉辦體驗會，員工應該會忙不過來。因此要避開銷售季，且找到不會直接影響銷售的時期。

把這些前提條件加以統整後，可得到：

- 在不會直接影響銷售的時期舉辦（避開銷售季）。
- 公司的銷售季是二月、三月、七月和十二月。
- 現在是四月十五日。

根據這些前提，把評估日期填上縱軸（見左頁圖表1-17）。

那麼，橫軸要填上什麼？橫軸要填上評估要點。

圖表 1-17　縱軸填入評估日期

	綜合評估			
5 月（＝最快）				
6 月（＝夏季銷售季前）				
8 月（＝銷售季後）				

I 部門經理的指示是「盡快」，而且重視獨特感、強調「期間限定」。既然如此，「速度」和「獨特感」都是必備要素。此外，還必須留意能否成功舉辦的「實現可能性」。綜合起來橫軸可以填入下列三項（見下頁圖表 1-18）：

- 盡快＝速度。
- 獨特感和強調「期間限定」。
- 能否成功舉辦＝實現可能性。

於是，評估時期的效益分析表框架建構完成。

如同前述，橫軸的評估基準由自己思考後填入。如果沒有填好就評估，很有可能選出不理想的

圖表 1-18　橫軸填入評估基準

	綜合評估	速度	獨特感	實現可能性
5 月				
6 月				
8 月				

方案。

如果提出不理想的日期，就會被主管質疑：「為什麼會選這個時間？」這時若拿出表格說明「因為這樣的理由所以選擇這個時期」，應該會被駁回：「這個理由不夠充分，要重做。」借重I部門經理的智慧，應該可以選出更好的時間。

由於明確寫出評估基準，如果基準本身有誤的話，也能迅速修正、重新評估。

與前面一樣，先在表格「綜合評估」以外的直行空格填上分數。

前一節是透過一至三分評估兩個選項（自己的方案或行銷部M的方案）；而圖表1-18的選項增加為三項，為了更明確的選出結果，就改用數字一至五分來比較。填上得分的表格如下頁圖表1-19。

經過一番評估後，得出的結論是「六月最適合舉辦體驗會」。

2. 評估東京的活動會場

以下是以同樣的方式，來選擇東京的會場。經過前面的評估後接著考慮下列三點，應該可以選出適合的場所（見第九十三頁圖表1-20）。

- 可以容納網紅人數（學生、二十多歲、三十多歲、四十多歲、五十歲以上，預計各十名以內，男女混合）、擁有必要設備的場所。
- 由於有眾多不同類型的網紅參與，所以把交通的便利性納入考量，以提高參加率。
- 六月的週六、週日有空檔舉辦活動的地點。

圖表 1-19　舉辦活動時期的效益分析表

前提和評估重點：

- 盡快＝速度＝「最快能舉辦」，最快的得 5 分。
- 獨特感和期間限定＝「有充分的時間展現出獨特感嗎？」不過，也不是籌備時間越長越好。
- 能成功舉辦＝實現可能性＝檢討會場安排。

	綜合評估	速度	獨特感	實現可能性
5月	7	5 最快舉辦	1 因無法裝飾會場，所以沒有傳遞出獨特感	1 緊急租借的租金是其他場地的 1.2 倍以上
6月	10	4 夏季銷售季之前	3 有最低限度的籌備時間	3 大城市的空檔確認完畢
8月	7	1 錯失銷售季	3 可以精心籌備	3 大城市的空檔確認完畢

圖表 1-20　東京活動場所的效益分析表

前提和評估重點：

- 可以容納網紅人數（學生、二十多歲、三十多歲、四十多歲、50 歲以上，預計各 10 名以內，男女混合）、擁有必要設備的場所。
- 由於有眾多不同類型的網紅參與，把交通的便利性納入考量，以提高參加率。
- 6 月的週六、週日有空檔舉辦活動的地點。

	綜合評估	便利性	設備和氛圍	費用
品川 ●●會場	11	5 從車站走到該場所約花 5 分鐘，且路途平坦	4 嶄新、漂亮	2 400 萬日圓
澀谷 △△飯店	11	4 從車站走到該場所約花 7 分鐘	3 普通	4 300 萬日圓
新宿 ××設施	**12**	4 從車站走到該場所約花 8 分鐘	3 普通	5 250 萬日圓

請代理商提供符合前述三個條件的會場後，接著比較。

假設代理商選的三個會場沒有太大的好壞之分，經過評估，東京會場是「新宿××設施」最好。

3. 評估東京以外的場所

接著評估在東京以外的城市舉辦活動。I部門經理只說「不只東京，也要在各大城市舉辦」，並沒有指示要選幾個地方。因此，左頁圖表1-21列舉東京以外的十個大城市，以評估要在哪些地方舉辦。

關於選場所的前提，首先是該城市必須能募集數十名（學生、二十多歲、三十多歲、四十多歲、五十歲以上，預計各十名以內，男女混合）網紅。

考慮到促銷效果，「城市的人口」也不可忽視。

此外，既然要進行促銷，就必須是方便購買A商品的地方。有關這點，就須比較各個城市可以購買A商品的通路數量。

圖表 1-21　評估東京以外的舉辦地點

	綜合評估			
札幌				
仙台				
橫濱				
新潟				
名古屋				
大阪				
神戶				
廣島				
福岡				
那霸				

這些條件可以整合成下列三點。

- 能募集數十名（學生、二十多歲、三十多歲、四十多歲、五十歲以上，預計各十名以內，男女混合）網紅嗎？
- 該城市的人口有超過一百萬人嗎？
- 可購買到A商品的通路數量有幾個？

不過，有一點須注意，那就是**不能像左頁圖表1-22那樣填寫橫軸**。為什麼這麼說？你把內容填進去就會發現。此表格由於選項眾多，所以以數字一至五評分。

表格中，「網紅」和「都市規模」欄位會填入相同的分數（見第九十八頁圖表1-23）。為什麼數字一樣？因為製作表格時不知道各個城市有多少位網紅，所以根據「人口多的城市，網紅應該也會比較多」來評分，導致分數相同。

圖表 1-22　不適當的橫軸範例

	綜合評估	網紅	城市規模	銷售通路
札幌				
仙台				
橫濱				
新潟				
名古屋				
大阪				
神戶				
廣島				
福岡				
那霸				

圖表 1-23　當許多項目根據相同基準評分

	綜合評估	網紅	城市規模	銷售通路
札幌	13	4	4 100 萬人左右	5 3 個通路以上
仙台	13	4	4 100 萬人左右	5 3 個通路以上
橫濱	5	不評分 （鄰近東京）	不評分 （鄰近東京）	5 3 個通路以上
新潟	7	2	2 70 萬人左右	3 2 個通路
名古屋	13	5	5 超過 200 萬人	3 2 個通路
大阪	15	5	5 超過 200 萬人	5 3 個通路以上
神戶	11	4	4 100 萬人左右	3 2 個通路
廣島	9	4	4 100 萬人左右	1 1 個通路
福岡	15	5	5 超過 200 萬人	5 3 個通路以上
那霸	2	1	1 50 萬人以下	0 無

如果表格中的許多項目是根據相同基準評分，就會被片面因素大幅影響判斷，不算是公正的評估。因此，不明確的「網紅人數」與「城市規模」合併考量會比較理想。

經過整理的表格如下頁圖表1-24。

大阪和福岡得到最高分十分，從評估結果得知是適合舉辦活動的城市。如果要在五個地方舉辦活動，札幌和仙台就是候補。

4. 評估名人

接著評估要邀請哪位名人。

首先是縱軸，選擇的名人必須讓數十名（學生、二十多歲、三十多歲、四十多歲、五十歲以上，預計各十名以內，男女混合）的網紅有好感。尤其找精通A商品和業界，或有實際活動經驗的人更適合。

雖然光是名人已經能帶來獨特感，但盡量找一眼就令人覺得特別的人會更

圖表 1-24　東京以外城市的效益分析表

前提和評估重點：

- 能募集數十名（學生、二十多歲、三十多歲、四十多歲、50 歲以上，預計各 10 名以內，男女混合）網紅嗎？
- 該城市的人口有超過 100 萬人嗎？
- 可購買到 A 商品的通路數量有幾個？

	綜合評估	城市規模（網紅人數）	銷售通路
札幌	**9**	4 100 萬人左右	5 3 個通路以上
仙台	**9**	4 100 萬人左右	5 3 個通路以上
橫濱	5	不評分 （鄰近東京）	5 3 個通路以上
新潟	5	2 70 萬人左右	3 2 個通路
名古屋	8	5 超過 200 萬人	3 2 個通路
大阪	**10**	5 超過 200 萬人	5 3 個通路以上
神戶	7	4 100 萬人左右	3 2 個通路
廣島	5	4 100 萬人左右	1 1 個通路
福岡	**10**	5 超過 200 萬人	5 3 個通路以上
那霸	1	1 50 萬人以下	0 無

理想。

假設根據這些條件找代理商打聽，可以得到A美、B太郎和C子三名候選人。以下針對三位名人製作效益分析表（見圖表1-25）。

此外，活動當天能否出席是本次的重要前提條件，但這三名候選人都確定當天可以出席，所以這個條件沒有列入表格。

接下來針對評估名人填寫橫軸，把先前提到的條件填入表格（見下頁圖表1-26）：

- 是否讓數十名（學生、二十多歲、三十多歲、四十多歲、五十歲以上，預計各十名以內，男女混合）網紅產生好感？

圖表 1-25　評估邀請哪位名人

	年齡	綜合評估			
A美	三十多歲				
B太郎	四十多歲				
C子	十多歲				

圖表 1-26　橫軸填入評估基準

	年齡	綜合評估	好感度	精通度	獨特感
A美	三十多歲				
B太郎	四十多歲				
C子	十多歲				

- 是否精通A商品和業界，或是有實際活動經驗？
- 是否讓多數人一眼就覺得「特別」？

如果想調查一般人對名人的「好感度」，其實通常須另外做市場調查。不過，此案例參考一般的市場調查就已經足夠，而且這也不是本書探討的主要內容，就直接以代理商提供的資料評估。

把數字橫向加總後便完成表格（見左頁圖表1-27、第一〇四頁圖表1-28）。由此可知A美是相對適合的人選。

這次雖然以數字一至五分評估三位人選，分數卻沒有很大的差異。**像這種情況，重點是再次**

思考名人在活動中的定位。

若體驗活動重視獨特感，那就選擇獨特感高的A美或B太郎。如果想宣傳使用商品的具體實例，不妨選擇精通商品的C子。

表格只是用來公正評估的一種工具。**綜合評估後如果還是有重視的要點，不一定得遵照表格的數字決定**。如果像這次案例一樣，對名人的定位很明確，那就根據相關判斷製作提案內容。

如果是定位不明確、主管要求先提案再評估的情況，可以在提案

圖表 1-27　效益分析表別忘了要「直」填

	年齡	綜合評估	好感度	精通度	獨特感
A美	三十多歲		4 受全年齡層歡迎	3	1 超人氣偶像
B太郎	四十多歲		3 受 30 歲以上女性歡迎	3	1 演員
C子	十多歲		2 受十多歲女性歡迎	4 有相關經驗	無

圖表 1-28　邀請名人的效益分析表

前提和評估重點：

- 是否讓數十名（學生、二十多歲、三十多歲、四十多歲、50 歲以上，預計各 10 名以內，男女混合）網紅產生好感？
- 是否精通 A 商品和業界，或有實際活動經驗？
- 是否讓多數人一眼就覺得「特別」？

	年齡	綜合評估	好感度	精通度	獨特感
A美	三十多歲	**8**	4 受全年齡層歡迎	3	1 超人氣偶像
B太郎	四十多歲	7	3 受 30 歲以上女性歡迎	3	1 演員
C子	十多歲	6	2 受十多歲女性歡迎	4 有相關經驗	無

時參考這張效益分析表討論，再請決策者判斷。

一個方案寫一張表格

陸續針對各個項目評估後，終於完成本次活動的 5W1H 表（見下頁圖表 1-29）。圖表 1-29 劃底線的部分只是你的提案內容，這個方案必須提交給 I 部門經理定奪。

填寫 5W1H 表的過程中，很常出現方案被刷掉的情況，例如比不上其他方案，或原本覺得很好，後來卻大幅修改。

不過，這類被淘汰的表格最好不要先刪除，應該盡可能保留下來。之後和主管討論或修改企劃，被要求「這個部分的可能性也評估一下」時，或許就能派上用場。

主管這樣提點通常可以防止思考疏漏。不過，也有不少情況是已經評估

圖表 1-29　將效益分析表評估後的內容填入 5W1H 表

項目	內容	筆記
目的 （Why）	針對本公司的主力商品A商品，培育期間限定網紅來宣傳新品，並透過廣告活動增加曝光度、讓消費者理解新品與競品的差異。	
概要 （What）	活動：期間限定的新品體驗會。 廣告活動：活動後推行廣告。	
相關人士 （Who）	主辦單位：本公司。 協力廠商：**廣告公司**（支援＋公關）。 **廣告代理商**（推行企劃）。 網紅：學生、二十多歲、三十多歲、四十多歲、50 歲以上，預計各 10 名以內，男女混合。共 100 至 250 名＝ 50 名×三至五個地點 名人：A美。	
場所 （Where）	日本全國三至五個地點（東京：新宿××設施＋兩個地點或四個地點）。	同時在五個地方舉辦體驗會，會很困難嗎？
時期 （When）	活動：6 月。 廣告活動：6 月開始為期一年。	
細節 （How）	活動：在各地租借會場，3 小時活動提供下列內容： • 說明特色、名人分享體驗。 • 體驗A商品、設計相關遊戲。 • 說明廣告活動方法。 廣告活動：由網紅舉辦線下活動，或在社群平臺發文： • 線下活動一年 8 次以上、社群平臺分享 75 次（每週一至兩次）以上→A商品免費、下次體驗。 整體費用：東京 800 萬日圓（會場 300 萬日圓＋營運 300 萬日圓＋設備 200 萬日圓）。 **促銷效果：？**	3 小時＝ 開場、說明 30 分鐘 體驗 45 分鐘 遊戲 60 分鐘 廣告 45 分鐘 其他？

粗體字：模糊的要點；加底線：本次的提案事項。

過，所以不採用。這時，如果部屬只是口頭回覆「那部分之前已經討論過，不太適合」，也難以說服主管。

如果把曾評估過但沒有採用的表格拿給主管看，提示他「這個角度也有討論過，但不可行」，就不須再重複考量一次。也會讓主管覺得這是經過多方評估才提交的方案，而對此感到安心。

效益分析表不一定要與 5W1H 表一起使用，單獨使用就可以應用在各個方面。

舉例來說，公司刊登徵才消息後有好幾個人投履歷，而要錄取哪個人最好，這種情況很容易被第一印象牽著鼻子走，或根據評估者的立場影響判斷。此外，也很難說明是否錄取的原因。

此時可以透過效益分析表，比較好幾名候補人選，把「為什麼考量結果是這樣」、「為什麼選擇這個人、淘汰那個人」視覺化。

除了招募新員工之外，判斷自家公司要導入哪套系統比較好，或工作要指派給誰等，想從許多候補中做選擇和決定的時候，效益分析表是非常有效的工具。希望大家可以積極活用，**提高比較的精確度**。

專欄

先做再說，持續做

自己實際製作表格後，可能會發覺沒有想像中這麼容易。怎麼樣才能順利製作表格？要訣只有一個：先做再說，而且要持續做。

套用商業書常用的說法，就是製作表格時，也要快速的實施PDCA循環（規畫〔Plan〕、執行〔Do〕、查核〔Check〕、行動〔Act〕）。

前言提過的「池田研討會」，主要以企業或政府機關的員工為教學對象，舉辦時間通常是早上九點到傍晚五點，會花上一整天。

在下午四點左右，我都會請學員進行「棉花糖挑戰」的遊戲：幾個人組成一隊，一起用乾的義大利直麵條、棉花糖、剪刀、紙膠帶和繩子建造棉花糖塔，並和其他隊比哪座棉花糖塔最高，限時十八分鐘。

各個團隊要思考如何連接細長的義大利麵，想辦法讓它站立。其實這個遊戲光看團隊在最開始的數分鐘安排，就可以預測哪些團隊可能獲勝或一定不會獲勝。兩者有何差異？**就差在嘗試錯誤的次數**。

義大利麵一折斷就無法恢復、繩子剪了就無法綁、棉花糖戳洞就無法復原……由於材料有限，所以會讓人以為嘗試次數越多，挑戰機會就越少。

因此，很多團隊會在一開始就商量戰略。「那樣做會成功吧？」、「這樣做比較好吧？」先討論一段時間。

等到時間所剩不多、討論得差不多得出一個結論後，就會開始嘗試，然而，實際挑戰後會發現比想像中還不順利。因為棉花糖比大家想的還重、義大利麵很細所以容易折斷、繩子很短。

動手後，才會發現這些問題。就算材料放在眼前，有些事還是得實際嘗試才會知道。

那麼，什麼樣的團隊會獲勝？就是一開始試著用義大利麵戳棉花糖、嘗試綁繩子……不斷嘗試錯誤的團隊。

想東想西不如動手嘗試。一根義大利麵條無法支撐，就綁兩根試試看，不行的話就綁三根。事前準備當然不可或缺，但「先做再說」也非常重要。實際行動後會產生更多想法，找出解決課題的方式。

由此可知，雖然PDCA循環看似簡單，但實踐與否就會導致不同結果。如果讓大人和孩童挑戰這個遊戲，通常是孩童能建造出高塔。因為孩童會覺得好玩而先開始嘗試。

PDCA的厲害之處

閱讀本書的讀者中，有些人可能不知道軟銀曾經是沃達豐（Vodafone，軟銀集團於二〇〇六年收購日本沃達豐）、J-Phone（按：沃達豐於二〇〇一至二〇〇二年，收購行動電話營運商J-Phone）和東京數位電話。

二〇〇六年，日本沃達豐改名為SoftBank Mobile，那時我剛好負責推廣手機分期付款的「超級獎金」業務。

以往購買手機，原則上都是一次付清，而軟銀當時是搭配各種折扣方案，鼓勵消費者以分期的方式購買手機。現在看來是很平常的銷售方式，但當時在業界是前所未有的嘗試。

我那時負責這項業務時，對上級抗議：「這種方案怎麼可能熱賣？」認為這麼難懂的方案，用戶怎麼可能接受。以往我在沃達豐好歹也負責手機銷售企劃，覺得這種銷售方式真是有夠不可思議。

結果我的預測大失誤，三年後簽約數突破兩千一百萬件，這對當時簽約數不理想的軟銀來說是一大助力。而這種銷售方式不久後就變成業界常識。

為什麼這個方案會熱賣？也與PDCA有關。

這種銷售方式可以提高簽約數嗎？這個嘗試對軟銀來說其實是很大的賭

注。當時，能否與日本電信電話的電信公司NTT docomo、電信公司KDDI的行動電話服務品牌au同臺較勁，正是處於關鍵時刻。

別家公司都是一次付清，軟銀卻是分期付款。對於刻意複雜化的銷售方式，消費者確實沒有馬上買單。即使如此，日本全國各地開始出現熱賣區域、熱賣通路和熱賣業務員。

為什麼這些區域會熱賣？因為每天分析銷售數據、快速拓展熱銷案例，透過PDCA循環不斷調整方案，最終產生最適合的行銷模式。

製作表格也是一樣，有想法的話就先做再說。透過PDCA循環逐步調整，成功率就會提升。

製作表格時，或許無法第一次就很順利。即使如此，還是希望你可以持續利用表格來分析、思考和評估。藉由嘗試錯誤，你會找到更適合的方法，並透過表格取得更高的成效。

第 2 章

主管拋出的難題，我能馬上接手

1 畫出作業流程示意圖，目標就變具體

經過第一章的應用，終於確認好企劃提案的要點。接下來就是製作提交給IT部門經理的資料。

不過，這個資料不須從零製作。因為先前製作的5W1H表和效益分析表就是資料基礎。

另一方面，二〇二〇年新冠疫情初期，我為了設立PCR檢測中心一事，用來向孫正義說明的概要表格，則如左頁圖表2-1所示。

當時不只是日本，全世界都對未知的病毒充滿恐懼。日本最初發布緊急事態宣言時，街頭不見人影，經濟活動也僅維持最低需求，首要之務就是安全和

圖表 2-1　設立PCR檢測中心的概要範例

項目	內容
目的	為了改善經濟、防止疫情擴大而提供檢查＋拋磚引玉。
行程表	**實驗室：7 月●日竣工**，遷移到××：最快 8 月△日開始運作。
場所	東京：A研究所內→××大會議室→其他區域：未定。
計畫	**免費部分：共同研究**；付費部分：SB 事業。
經營中心	在SB設立新公司。
試劑	**●●PCR檢測設備 ■億日圓（○○○○日圓×100 萬劑）**。
不活化疫苗	**Z公司製，□億日圓（□□□日圓× 100 萬劑）**。
中心規模	竣工時，最大 1 萬平方公尺。
運作時間	一天 8 小時，預計早上 9 點至下午 5 點。
提供價格	試算△△△△日圓（扣除運費、包裝費）。
推行管道	測試：SB內部＋中心→實例後：推行到地方政府、政府和法人。
一年費用	大約△△日圓。

粗體字：待審查事項。

健康。

新冠肺炎是什麼疾病？疫苗何時可以完成？那段時期每個人都充滿不安。當時，是孫正義率先採取行動。

二〇二〇年三月十一日，孫正義睽違三年更新了社群平臺推特（Twitter，現改名為X）。他發文表示：「我想為憂心新冠肺炎的民眾提供免費的PCR快篩，首先提供一百萬人份，接下來會規畫相關申請方式。」這則貼文引發了廣大迴響。

人們活在不安之中，對經濟活動停止、社會停滯充滿危機感，於是孫正義對身為CSR區域經理的我下達「籌備PCR檢測中心」的指示。我身為負責人，從零開始籌設。

現在大家熟知的PCR檢測，在當時根本是聽都沒聽過。我沒有任何醫療背景，PCR檢測到底是什麼？需要什麼流程？該請教誰？該去哪裡申請相關許可證？要如何申請？什麼不可或缺？必須有哪些成員參與？費用是多少？我根本毫無頭緒。

我身邊包含孫正義在內，沒有人具備籌設 PCR 檢測中心的必要資訊。雖然我接下指示，卻完全搞不清楚狀況，也不知道從何著手，甚至連哪裡不懂都不知道。這種情況下，沒辦法製作 5W1H 表和效益分析表。

即使如此，我也說不出「不懂所以做不到」。當時，我的腦海浮現東日本大震災後，東北遭遇千年未有的災情時，孫正義流著眼淚激動說出「我必須做點什麼」的樣子。

我感受到孫正義除了致力於事業和投資外，還有「想為社會做點什麼」真摯的一面。因此我也下定決心，無論如何都要達成使命，努力透過 PCR 檢測防止新冠肺炎疫情擴大，幫助日本早日恢復經濟活動。

為了理解相關資訊，我請教公司的健康顧問，也到處打聽，又找內閣府（按：日本的最高行政機關）等相關機構諮詢，**首先製作作業流程示意圖（見下頁圖表 2-2），以掌握一連串的大致流程。**

圖表 2-2　PCR 檢測中心的作業流程示意圖

根據向檢測業員工打聽的資料製作。

作業流程示意圖完成後，應該就會清楚了解所需的相關人士、物品和時間，因此我想辦法先製作流程示意圖。有了這張圖，原本目標只是模糊的「執行PCR檢測」，變成具體的「PCR檢測有這八個必要流程。第一個流程需要……、第二個流程需要……、第三個流程需要……」。

目標變具體後，就可以分派工作給部屬或聯絡相關專業人士。即使時間不足，也可以高效、迅速的討論。

即使不確定，也盡量具體描寫

後來我以圖表2-1為基礎，和孫正義討論相關事宜，和他說：「表格中粗體字的部分，今天須全部決定好。」

圖表2-1乍看已經全部填完（以為已經完全決定好），但仔細看，會發現有幾個地方刻意標示成粗體字（也可以標示為藍色）。

粗體字部分就是第一章提到的「自己預想的最好方案」，但還需要主管協助評估或判斷。請主管過目時，表格中這個部分不能空著，而是先寫一些具體內容，這是往前進展的重要關鍵。

我先對主管說明：「首先是目的，在這裡已經有寫，就是為了為了改善經濟、防止疫情擴大而提供檢查＋拋磚引玉。接下來是行程表。」然後從表格的最上面依序說明：「關於行程，實驗室預計七月●日竣工，遷移到××，最快從八月△日開始運作，這樣可以嗎？」

對於創立PCR檢測中心來說，行程表非常重要。考慮到目的，當然是越快建立越好。不過如果一味的求快，只會引發社會不安。因此，至少要與孫正義取得共識。這件事尤其需要慎重考慮，因為孫正義在推特發文後，很多人猛烈抨擊他，認為這可能會引發醫療崩潰。

孫正義後來又發文表示：「我聽到很多人想去篩檢卻不能如願，才提出這個構想，既然評價這麼差，就算了……。」我第一次聽到孫正義說出如此喪氣的話。由此可知這件事有多麼麻煩。

社會質疑「電信公司軟銀舉辦的PCR檢測中心，沒問題嗎？」的反應也在預料之中。我們目睹大眾的反應並經歷了許多糾結後，縱使並非身為醫療機構，仍然決定要推動這個計畫。正因如此，為了不中途而廢造成大眾困擾，我們需要萬全準備。

第一一七頁圖表2-1中提到的日期，當然有用第一章介紹的流程評估過，是我覺得最理想的日期，但實際上有可能被反駁：「太慢了！」不，不只是有可能，我甚至覺得「一定會被反駁」。

即使如此，我不寫「初夏」或「七月中旬」，而是刻意把日期寫清楚。我這麼做是有原因的——**把日期寫清楚就可以明確討論**。

「初夏」、「七月中旬」和「七月十五日」，這些時間看起來確實沒有多大的差異，但初夏和中旬的概念會因人和立場而異。如果製表人寫下「初夏」、心裡想的是「七月十五左右」，即使計畫按照預定完成，對「初夏」定義不同的人，就會生氣並認為：「太晚了！」

自己制定企劃，並自認已經獲得主管的認可、達成目標，如果還被責罵，不覺得工作很沒意思嗎？就算心裡再怎麼強烈埋怨：「我這麼努力，也在當初說好的初夏達成目標了……。」也無法推翻主管：「明明說初夏可以做好，卻等到七月都過了一半才完成，搞什麼啊？」的評價。

這類由於期望值差異產生的落差，每天都在各種場合上演。詳情會在第三章與大家分享。

數字化，使目的和觀點變明確

不過，也有很想具體描寫，卻決定不了數字的情況。比方說構想了一個促銷方案，但不知道它的效益如何，新品的銷售反應也很難預測。這時，我建議大家運用費米推論（Fermi Estimation）。

某段時期，外商顧問公司常提問與費米推論相關的面試問題，或許很多人都曾聽說過。這是指把實際上無法計算和量化的未知數值，運用邏輯思考估算出大概數值——把整體因數分解，再用於建立假設。

「目前全世界有幾個人正在上廁所？」針對這個問題思考看看。這當然不可能實際計算，且即使做了相關調查，也無法得到明確答案。

雖說如此，面試時也不能說一句「我不知道」就帶過。那該如何思考？在此分享一則思考範例：「首先，自己一整天上廁所的時間大約是十五分鐘，那就假設一整天的如廁時間有十五分鐘。另一方面，全世界人口目前約八十億人。如果這些人一天有十五分鐘在上廁所，那就會是八十億人÷二十四小時÷六十分鐘×十五分鐘＝約八千三百萬人。所以答案是大約八千三百萬人。」

當然，這個思考原本就是建立在假設上，所以不是正確的數字。但根據此推論，萬一全世界的廁所必須重建，就會需要這麼多廁所。

「假設」的部分要清楚標示

或許有人會認為：「這麼隨便的數字，不就等於不知道？」但話不能這麼說。有了這個數據，就會知道二十億座廁所太多、一千萬座廁所絕對不夠。比起「數字完全不明」的狀態，即使只是知道「數千萬的量、不到一億」，也會更清楚應該準備多少程度的量。

縱使只是假設也要估計，才能製作出可供討論的表格。

回到前面提到設立ＰＣＲ檢測中心的概要範例。不確定的事項也要刻意寫出來，不過可以改成粗體字（或換成藍字），讓大家都知道是「假設」。

這樣一來可以讓討論更有建設性，也可以讓沒有仔細看資料，只憑印象就抱怨的人閉嘴。

如果被質疑「七月十五日太晚了」，就拿出於評估階段所做的效益分析表，和對方討論：「如果不要系統化，只單純設置檢測站，六月十五日就可以建立完成。」對此對方可能表示：「這一點沒做也無所謂，總之加快速度，預定在六月十五日建立完成。」或「那就沒辦法了，只能預定在七月十五日完工。」原本不確定的行程表，可以就此確定下來。

根據這個要領往下確認表格內容，就可以一項項確定該決定的事項。等到會議結束，整體計畫也大致擬定。

這是建設性討論的基礎，促使你和主管對於已決定事項、應該決定的事項有明確的共識。最重要的是，**即使面對孫正義這樣的天才，我也可以按照自己的步驟，以對等立場談話**。

總之，按照表格說明的優點多到數不清。

經過上述討論，又得到各領域專家的協助（詳情後述）後，我們在七月成立了「ＳＢ新冠肺炎檢測中心有限公司」。負責人由我擔任，軟銀集團出資二十四億日圓啟動計畫。在九月二十四日，東京ＰＣＲ檢測中心正式運作，一天大約可以檢測四千件。

面對民眾發出「日本都不讓我們做篩檢」、「我搞不好已經感染，為了守護重要的人、免疫力弱的人、高齡者和兒童，我只能與人保持距離。難道沒有其他辦法了嗎？」的心聲，我們應該多少盡了一點心力。

專欄

籌備PCR檢測中心的過程

過去我為了成立PCR檢測中心到處打聽相關資訊，得知某廠商正在研發唾液檢測試劑。與以往採集鼻咽樣本的方式不同，如果唾液檢測可行，誰都可以自行無痛採檢。對方表示不只步驟變簡單、時間縮短，試劑的單價也可以降低，讓我覺得眼前一片光明。

為了加速恢復經濟活動，必須儘早改善許多人無法接受檢測的情況，為此有必要讓民眾能頻繁的接受優質且平價的PCR檢測。

孫正義的目標是讓自費約二至三萬日圓的檢測費降至十分之一，讓任何人都可以簡單接受檢測，所以得知這個好消息讓我們雀躍不已。

不過，當時我們面臨兩大難題。

其一是我們並非醫療機構，所以不能進行醫療行為的檢測。為了醫療安全，法律規定只有醫療人員才可以從事醫療行為。

外行人想進入這個領域就必須做好功課，我研究了相關法律，得知不是檢測有症狀的人，只是針對無症狀的人通知採檢結果，就不算是醫療行為。日本的國立國際醫療研究中心等專業機構，以及厚生勞動省（**按：日本中央省廳之一，相當於臺灣的衛福部與勞動部**）等行政機構都承認這個解釋。

因此，東京PCR檢測中心實施的篩檢確定與醫療無關，實際負擔兩千日圓的PCR檢測即將實現。

不過，我們放心沒多久後又迎來下一個難題。

我們安排的PCR檢測是把採集的唾液裝進容器，加入去活化劑再送往檢驗處。由於唾液會加入去活化劑，照理說不會有感染風險，卻沒有配送業者願意承包這個工作。

當時大家對新冠肺炎還不是很了解，即使是配送業者也害怕出現什麼萬一。因此，這個問題讓我們煩惱到每天都睡不著。

後來我們還是找到願意配送的業者，是孫正義出面解決了問題。他盼望PCR檢測儘早實現，對於進度延宕十分生氣，為了保證唾液的安全性，甚至在配送業者的負責人面前，表示要喝下經過去活化處理的唾液：「這是喝了也沒有問題的安全物品，拜託幫我們運送！」

對此我很震驚，切身感受到孫正義為了目標勇往直前的堅強意志，並感動到起雞皮疙瘩。

在孫正義的協助下我們決定好配送業者，東京PCR檢測中心終於得以朝儘早恢復經濟活動的目標前進。

2 對象不同，說明順序也要調整

各位有想過，如何將5W1H表和效益分析表運用於說明和討論嗎？回到先前I部門經理指示的事例。第一章製作的5W1H表，與設立PCR檢測中心的概要範例之間，有很大的差異。差異就在項目的排列順序。

如同前述，向主管報告時，表格要由上往下說明。因此，**必須把5W1H調整成方便說明的順序**。

調整順序的時候，必須進行「內心模擬會議」。尤其像對直屬主管報告的情況，根據內心模擬會議的準確度，會直接影響對方的反應。

透過「內心模擬會議」想像流程

什麼是內心模擬會議？如同字面上提到「內心」和「模擬」，不是指真實的會議，而是在內心與虛構對象開會。

步驟很簡單，大致是下列三個步驟：

1. 先想像報告的對象（書中的案例是指I部門經理）。在腦中明確想像對方的樣子，就好像本人在眼前一樣。
2. 在內心對模擬對象報告，擴大想像：「對方聽了報告會這樣想嗎？會有這種反應嗎？」
3. 模擬在實際會議碰到對方吐槽等反應時，該如何應對。

關於ＰＣＲ檢測中心案例，我在準備向孫正義報告時，首先想到「孫正義一定會很在意行程表」。腦海中的孫正義表示：「七月十五日太晚了！」所以我在５Ｗ１Ｈ表的最前面放上行程表，還準備了相關的效益分析表。實際報告時，這個資料也幫了大忙。

書中提到的新品體驗會企劃也一樣，一開始要說服的對象是自己的直屬主管。獲得主管的同意後，才可能進一步召開業務行銷策略會議。因此你首先須在腦海中想像Ｉ部門經理的樣子，提出他可以接受的內容。

如果平時就一起工作，應該會知道他特別重視什麼觀點。

比方說，「印象中他一定會問到銷售量和數字，但這部分只要稍微具體的提到，就不會仔細追究。相較之下，如果沒有說明清楚新奇性和挑戰要素，就會挨罵」、「我提出自己的判斷後，一定會被詢問：『根據是什麼？』比起定性分析好像更重視定量分析」、「非常在意風險評估，似乎很討厭變數」。透過這些印象就可以描繪出Ｉ部門經理的形象。明確描繪和分析對方的形象，可以得到下列好處，使你更全面、更有效率的工作：

- 區分重要與不必要、優先度低的內容。
- 了解如何安排報告順序，可以讓報告更順利進行。

反之，如果沒有經過模擬想像，打算回應所有的質問和擔憂點，推進新企劃的難度就會大幅提升，最後徒增許多準備了卻沒用到的資料和數據，導致生產力降低。

我覺得多數很拚命工作，卻浪費很多時間、生產力低、很常被罵準備不足，或企劃很難通過的人，**或許是因為沒有意識到報告和資料是給誰看，或沒有預想對方是什麼樣的人**才會如此。

根據前述的方法了解對象，再加上反覆進行模擬會議，內心模擬會議的準確度就會隨之增加。於是提升了整體的工作速度，且該做的事變少，卻得到更好的成果。

重新排列 5W1H

第一一七頁圖表2-1，正是我在內心與孫正義進行過模擬會議才製作完成。用表格說明時，順序跳來跳去會讓討論變複雜。還有，如果你沒有馬上說明主管覺得比較重要的項目，或許會被要求：「不要講瑣碎的事，從這個項目開始說明！」導致整個流程都被打亂。

沒有按照表格順序說明、沒有提到自己覺得重要的部分，任誰都會覺得煩躁。為了降低這種風險，須事先調整表格排序，以順利的說明。

按照什麼順序說明才符合對方的心意？是按照自己方便的說明排序嗎？我建議你從雙方的立場思考流程。表格的排序視案件的緊急性、重要性和對方的性格而定，沒有絕對的答案。不過，仍有幾個參考基準：

1. 對方在意的是什麼（包括性格）

舉ＰＣＲ檢測中心的案例來說，我把行程表放在上方，是因為孫正義過去交代的許多工作中，都會優先考量時間，而且這個案例更是講求儘早實施。

此外，我把「與誰合作」也優先放在表格上方。因為我認為孫正義希望「交出安全、可以信賴的東西」、「不想做半吊子的東西」。

要把對方在意的事，或案件中尤其重視的部分放在表格上方。

假設對方很在意效益，就要從性價比開始報告。例如，介紹促銷企劃時，如果是前所未有的企劃，企劃者應該會想仔細說明內容，但或許會被急性子的主管打斷：「在說明內容前，先說這個方案可以帶來什麼效益？」、「會花多少費用？」

遇到重視前瞻性的主管，若一開始就極力解說詳細內容和效益，他也可能會反感：「不要一直講數字！」如果主管是現實主義者，用數字說明會比較順利；但如果他看重前景，就要先描述企劃實施後的未來性再說明內容。說明方案時，假如讓對方感到不耐煩，或許會導致原本能通過的方案無法通過。配合對方調整說明順序，對方才會認真聽你講，進而接受提案。

2. 話題的緊急性

針對緊急狀況和事故應對等緊急度較高的事件，要先在初期行動和行程安排等方面取得共識。

比方說某商品必須準時交貨，卻在配送時出問題沒有送達。報告處理方法的時候，說明處理的所需費用固然重要，不過**更重要的是交貨時間**。

反之，如果是能按時交貨的商品，在開頭就詳細說明交貨時間，根本沒人會在意。因此必須配合緊急性調整表格順序。

3. 營利或非營利（涉及感情的狀況）

CSR在企業內部是指社會貢獻部門。不過既然是企業活動，就離不開營利。無論再怎麼關心環保，也不可能出現影響企業利益的提案，凡事都必須顧及成本。

不過，遇到支援賑災等「支援」議題，情況就大不相同。用營利或非營利來說明或許有點缺乏共通性，但用情感的觀點來解釋，許多人應該可以理解。

比方說，當有人提到遭遇伴侶施暴的感情問題，這時無論多有道理，開口就說「那種伴侶應該馬上分開。因為……」很不妥當。

先聆聽對方有什麼煩惱、暴力從什麼時候開始，以及之後有什麼打算，再表示「即使如此，目前的狀況也不能一直持續下去。總之現在要……」，這麼做的話，即使是固執己見的人，也可能接受建議。

針對情感問題，成本、行程表和效益可以晚點再說。

即使是同樣的內容，也須隨著對象、案件、緊急性和涉及感情的狀況改變提案順序。請參考前面列舉的三個基準，調整出更符合對方需求的順序。

交給 I 部門經理的提案，應該如何排序？當然沒有絕對的答案。

預設你決定把相關人士（Who）挪到前面。理由是工作指示中，I 部門經理提到網紅好幾次。假設這間公司一開始就打算自行培育網紅，所以部門經理才如此重視。因此，這樣的排序應該很妥當。

表格排列就是把對方比較關心的項目移到上面（見下頁圖表 2-3）。

不過，在這個案例中，相關人士的位置仍不能比目的（Why）還上面。請在腦海中思考報告順序：在開始說明「本次體驗會請來協助的網紅是……」之前，免不了解釋一下目的：「本次體驗會是出於……的目的舉辦。因此請來協助的網紅是……。」

因此在順序上，要先確認目的（Why），再談到培育各年齡層的網紅和促銷活動（Who），之後說明如何透過體驗會（How），讓網紅了解新品以及遊戲內容。

接著，總結要實現的概要（What）、提示時間軸（When），最後用場所

圖表 2-3　調整 5W1H 的順序

項目	內容	筆記
目的（Why）	針對本公司的主力商品A商品，培育期間限定網紅來宣傳新品，並透過廣告活動增加曝光度、讓消費者理解新品與競品的差異。	
相關人士（Who）	主辦單位：本公司。 協力廠商：**廣告公司**（支援＋公關）。 **廣告代理商**（推行企劃）。 網紅：學生、二十多歲、三十多歲、四十多歲、50 歲以上，預計各 10 名以內，男女混合。共 100 至 250 名＝ 50 名×三至五個地點 名人：A美。	
細節（How）	活動：在各地租借會場，3 小時活動提供下列內容： • 說明特色、名人分享體驗。 • 體驗A商品、設計相關遊戲。 • 說明廣告活動方法。 廣告活動：由網紅舉辦線下活動，或在社群平臺發文： • 線下活動一年 8 次以上、社群平臺分享 75 次（每週一至兩次）以上→A商品免費、下次體驗。 整體費用：東京 800 萬日圓（會場 300 萬日圓＋營運 300 萬日圓＋設備 200 萬日圓）。 **促銷效果：？**	3 小時＝ 開場、說明 30 分鐘 體驗 45 分鐘 遊戲 60 分鐘 廣告 45 分鐘 其他？
概要（What）	活動：期間限定的新品體驗會。 廣告活動：活動後推行廣告。	
時期（When）	活動：6 月。 廣告活動：6 月開始為期一年。	
場所（Where）	日本全國三至五個地點（東京：新宿××設施＋兩個地點或四個地點）。	同時在五個地方舉辦體驗會，會很困難嗎？

粗體字：模糊的要點；加底線：本次的提案事項。

（Where）當結尾。圖表 2-3 就是調整順序後的表格。

我前面已經多次提到，表格如何排序沒有唯一的標準答案，而是**以如何說明對方才可以接受為基準**，自由思考如何調整表格。

3 報聯商，讓主管隨時掌握情況

假設你確實寫好企劃案、做好資料後交給I部門經理，然而，他開口的第一句話是：「至今都沒來找我商量，也沒來報告，搞什麼！」

他並沒有特別告知交件期限，但你不知道他為何不高興，所以向他確認：「您沒有提到交件期限吧？」得到的回答是「沒錯」。你收到指示後馬上著手準備，花約一週的時間整理資料並提交，那為什麼I部門經理會不高興？

其實，I部門經理有提到不高興的原因，就是**他很在意你沒有找他商量，也沒有事前報告**。

我經常舉辦以商務人士為主的研討會，對象包含一般職員、管理階層等。

其中針對「報聯商」，我發現執行者與接受者之間存在落差。什麼是報聯商？

- 報告：負責人傳達工作任務的進展和結果。
- 聯絡：通知相關人員工作資訊和行程表。
- 商量：有不清楚的地方或出狀況的時候，找主管、前輩和同事諮詢建議和商量。

我常聽到管理階層抱怨部屬不確實執行報聯商，另一方面，我也常聽到部屬表示「我都有確實執行報聯商」。為什麼雙方會出現這種落差？

在職場上，我想大家都很清楚報聯商的重要性——目的是避免麻煩和失誤、及早解決問題，讓工作可以順利進行。身為組織的一員，工作時少不了報聯商。

不過在進行報聯商的時候，能確實掌握 5W1H（何時、對誰、什麼內容、何處、為何，以及如何執行報聯商）的人卻很少。回顧自身，我也沒印象有誰曾告訴我什麼是報聯商，又該怎麼做。

結果就是部屬很容易自顧自的執行報聯商，但主管覺得沒接收到資訊，所以心生不滿。部屬覺得自己拚命工作，對上級執行報聯商，對方卻不高興，容易因此感到沮喪。

如果沒有掌握好報聯商的時機，工作就會陷入惡性循環：

- 部屬：執行報聯商。

↓

- 主管：認為時機不對，所以感到不滿。

↓

- 部屬：認為自己拚命工作，但看到主管面露不悅，所以覺得沮喪。於是越來越不想執行報聯商，導致執行頻率降低、錯失時機。

報聯商的時機

什麼時候進行報聯商，才不會陷入前面提到的惡性循環？在此介紹急性子的人（我）都認同的執行時機：

- 當天：重述事件（5W1H）。
- 初步行動：（隔天）初步的報告。
- 中期：（隔週）報告狀況。
- 最終：交件期限前的結果報告。
- 出現意外的時候：報告和討論即時狀況。
- 拿不定主意的時候：透過提案資料討論。

首先是當天接到指示時，口頭重述事件的5W1H。舉這次的企劃案為例，針對第一章第一節I部門經理的指示，重述內容：「關於新品體驗會的企劃，我預計在〇月〇日〇點前，整理成企劃書提交給您。」重點是**確定期限等關鍵字**。

接著到初步行動時，在當天或隔天做初步的報告：「關於昨天您交派的案件是這些內容，整理起來是這樣。」套用I部門經理的例子，報告內容會是：「這次的活動主旨，預計從活動和宣傳兩個方向來思考。」

然後到了中期報告時，可以加上大概數字：「這次體驗會的目的是培育『期間限定網紅』，所以目前從這個方向評估名人。只是，最後……。」報告的內容粗略簡單也無妨，可以準備紙本資料和數據作為參考。

最後是最終報告。這就是基本的報聯商。

如果遇到意外狀況或拿不定主意的時候，就須另外找時間進行報聯商。即使是順利進行的案件，做到上述程度，才算得上有充分執行報聯商。

為什麼要進行這麼多次？這是為了讓委託人掌握事情的進展。從主管的立場來看，既然把事情交代給部屬，就希望部屬把事情做好，但又會忍不住擔心部屬是否正確理解主旨、執行上有沒有遇到困難。

初步行動時的報聯商尤其重要。該不會快到截止期限才行動？有沒有理解案件需求，然後與相關人士一起實行？越是重大的工作，委託人就會越擔心。

面對這種形況，只要在初步行動時告知「馬上就採取行動」、「下週會與對方見面」或「明天會召開緊急會議」，就可以讓主管安心，放心把事情交給你做。

即使面對急性子的主管，只要掌握前面提到的報聯商時機，主管便會感到安心。

根據主管個性和個人職業的不同，或許會出現「這麼頻繁的報聯商，反而讓人覺得很煩」的情況。這時，斟酌減去初步行動或中期（或兩者）就好。至於如何刪減，主管應該會有相關指示，比方說「不必那麼詳細報告」、「下次請在這個時間點報告」。

反之，**如果主管詢問：「那個案件如何了？」**就表示報聯商不夠。這時除了趕緊進行，還得重新修正報聯商的頻率。

如果是像I部門經理抱怨的情況：「至今都沒來找我商量，也沒來報告，搞什麼！」主管就會對部屬留下不好的印象。之後不管企劃有多優秀，主管的壞心情都會使部屬的表現扣分。

這種負面情緒會影響工作內容到什麼程度？這要看案件和對方（本書案例是指I部門經理）的性格而定，但多少都會受到影響。

讓對方一看就懂

許多主管感嘆部屬的報聯商不足，而除了頻率和時機的問題，另外還有一大因素——那就是報聯商的內容沒有傳達清楚。

試想用郵件進行報聯商的情況。郵件很方便，員工可以仔細修正後再寄出，收件人也可以在方便的時間收信閱讀。

不過，郵件可能隨著寫作方式不同，在理解上產生巨大的落差。即使報告者認為「我已經用郵件報告」，接收者也可能表示「我不知道」。這是怎麼一回事？

在此思考一下適合報聯商的郵件：理想的情況是「結論和議題很明確」。郵件的話，最好是只看標題就讓人明白結論和議題。

即使是發送郵件時還沒有得出結論的案件，也要把議題寫清楚。我有時會收到標題寫著「那件事」的郵件，根本不知道是想和我商量、報告或確認什麼事，真是莫名其妙。

他人看不懂內容寫了什麼的郵件很容易被延後處理，之後即使想重看，也可能不容易找到。

所以用郵件進行報聯商時，發送前的準備很重要。想做好報聯商，可以製

圖表 2-4　讓郵件一看就懂的訊息筆記

議題	標題	我是檢測中心的池田，關於繼續提供PCR服務的相關事宜
結論	議題的結果、假設	結論是「2022 年 11 月底前」繼續提供服務。
細節	有系統的說明理由	• 病毒出現變異株，前景不明朗。 • 一般都會事先做PCR，所以有需求。 • 配合需求彈性調整檢測規模。

作像圖表2-4的統整表格（我稱之為「訊息筆記」）。

最右邊欄位是用來寫下實際的相應內容。

舉前面提到的PCR檢測中心為例，團隊評估檢測中心完成某種程度的任務後，可能會面臨到規模縮小和關閉。不過在二〇二二年春天，確診者的增減趨勢尚不明朗。

在這樣的前提下，針對維持PCR檢測中心的運作和服務，我對軟銀集團的幹部發送郵件時，首先會製作如圖表2-4的訊息筆記，整理好議題後再寫下實際郵件。重點是標題，我寫的是「我是檢測中心的池田，關於繼續提供PCR服務的相關事宜」。

我除了CSR部門，還任職於好幾個組織，如果只寫「我是池田，有關PCR事宜」，無法讓人馬上了解我是從什麼立場發言。因此我寫下所屬單位「我是檢測中心的池田」，告知我是從什麼立場報告，內容也詳細寫下「關於繼續提供PCR服務的相關事宜」。

因為從標題就說清楚從什麼立場發言、要討論什麼事，即使結論和細節很簡潔，也能充分傳達要旨。

有些人常用附加檔案發送郵件，但我認為**郵件原則上以內文為主**即可。發送資料時把結論截圖貼上，收件人打開郵件後，就可以馬上掌握全部內容。郵件裡如果有一堆附加檔案，收件人還得花時間打開檔案，會給對方帶來負擔。此外，附加檔案還有很難搜尋的缺點。寫郵件時，最好還是讓人從本文就可以理解全部的內容。

這個訊息筆記也能應用於自用備忘錄。聯絡主管這類忙碌的人，通常不知道他們什麼時候會回應，當他們突然打電話給你，很容易慌張失措。這時，趕緊打開訊息筆記放在手邊，你就能順利應對。

如果掌握好報聯商的時機和內容，工作就會變得更有效率。請記住下列要點，仔細做好報聯商：

- 案件內容：重大案件要明確、詳細。
- 重要性：越重要就越慎重。
- 緊急程度：越緊急就越仔細。
- 委託者的個性：越性急就越要提前執行。

假設你已經與I部門經理約好時間，帶著重新排序的5W1H表和先前製作的效益分析表（依重要程度排序：第一四〇頁圖表2-3、第一〇四頁圖表

1-28、第九十二頁圖表 1-19、第九十三頁圖表 1-20、第一〇〇頁圖表 1-24），向他說明目前的企劃案。

你根據圖表 2-3 的表格順序向 I 部門經理逐一說明，並拿出效益分析表，在說明相關人士時，分析「為什麼選擇該位名人來協助宣傳」；在說明時期時，分析「為什麼提議活動辦在六月」。I 部門經理邊點頭邊聽你報告，但等你說明完場所後，他說了下列意見。

I 部門經理：「從不明確的資訊到整理出目前的報告，我知道你做了很多考量。不過，針對舉辦活動的場所，你提議的城市是否適合？我通常會注意類似商品的販售狀況和市占率，在自家商品尚未熱賣的地點特別加強宣傳，後來也確實提升了銷售數字。那些地方反而有舉辦活動的意義，不是嗎？

「還有一點我很在意，就是募集網紅這件事。募集網紅的方法有確實的參考資料嗎？請參考自家商品的客群資料進一步詳細檢討，思考如何提升整體銷售。希望你修正這些要點，三天後提出報告。」

你原本覺得企劃整體感覺不錯而鬆了口氣，竟然又被要求三天後重新提出報告。由於四天後在業務行銷策略會議上，必須提出新品體驗會企劃，所以你只能硬著頭皮去做。

確實做好報聯商，也是幫自己

其實I部門經理會焦急，就是因為四天後在業務行銷策略會議上，必須提出新品體驗會企劃。I部門經理已經告知會議日程，你卻不知道這次的會議重點是自己的企劃。

對I部門經理而言，會議一天一天逼近，你卻沒有進行報聯商，所以他才會生氣。由於報聯商不足導致工作沒有效率，甚至演變成加班的情況其實很常見。

前面我提到內心模擬會議的重要性，然而，即使在內心模擬多次，你與主管畢竟不是同一個人，終究不可能單靠模擬會議就準備周全。

哪裡準備不足？哪個部分特別重要？哪些事必須預先考量？於準確的時機進行報聯商，在方向和準備上與主管取得共識，才可以確認前述幾個問題點。

萬一事前共識不足，但進行報聯商時如果能得到像是「這個數字要準備好」、「這個部分有點弱，也思考一下其他構想」的建議，應該就可以避免鄰近截止日期時，陷入加班的地獄。

報聯商不只是讓主管安心，也是為了讓身為部屬的自己工作更順利。我將追加的報聯商稱為「打探」。如果能精於打探，工作就會更容易執行。有關打探，我會在第四章詳細說明。

接受建議後重新調整

讓我們針對場所和相關人士再度檢討一下。有關場所，必須在「前提和評估重點」加上「加入市占率，期待銷售量提升」的要素。效益分析表重新調整後得出左頁圖表2-5。

如表格所示，先前評估沒被選上的「名古屋」得到十三分，變成第一名。因此，如果要在東京以外的地方舉辦活動，首要考量應該是名古屋，接著才是札幌、仙台、大阪、神戶和福岡。以提案來說，最少也有兩個地方，最多會到七個地方。

接著也針對相關人士來修正。根據I部門經理的指示，必須把提升整體銷售納入考量。

如何募集網紅才有望提升整體銷售？

在此通常會藉由數據驗證，調查自家商品在哪個年齡層、性別比較熱銷或不熱銷，然後評估應加強在哪個年齡層宣傳，最有利於提升整體銷售。

這種調查方法與行銷有關，本書就略過不談。與行銷部討論後，取得第一五八頁圖表2-6，接著進一步檢討。

圖表 2-5　調整效益分析表

前提和評估重點：

- 能募集數十名（學生、二十多歲、三十多歲、四十多歲、50 歲以上，預計各 10 名以內，男女混合）網紅嗎？
- 該城市的人口有超過 100 萬人嗎？
- 可購買到A商品的通路數量有幾個？
- 加入市占率，期待銷售量提升（因I部門經理認為「在自家商品尚未熱賣的地點特別加強宣傳，有助於提升銷售數字」，所以市占率越低，分數越高）。

	綜合評估	市占率	城市規模（網紅人數）	銷售通路
札幌	9 → **12**	3 市占率 20% （平均值）	4 100 萬人左右	5 3 個通路以上
仙台	9 → **12**	3 市占率 20% （平均值）	4 100 萬人左右	5 3 個通路以上
橫濱	5 → 9	4 市占率 15%	不評分 （鄰近東京）	5 3 個通路以上
新潟	5 → 9	4 市占率 15%	2 70 萬人左右	3 2 個通路
名古屋	8 → **13**	5 市占率 10%	5 超過 200 萬人	3 2 個通路

（接下頁）

大阪	10 → **12**	2 市占率 25%	5 超過 200 萬人	5 3 個通路以上
神戶	7 → **12**	5 市占率 10%	4 100 萬人左右	3 2 個通路
廣島	5 → 8	3 市占率 20% （平均值）	4 100 萬人左右	1 1 個通路
福岡	10 → **12**	2 市占率 25%	5 超過 200 萬人	5 3 個通路以上
那霸	1 → 6	5 市占率 10%	1 50 萬人以下	0 無

圖表 2-6　類似商品的客群

	男性銷售構成比	女性銷售構成比	總計
學生	5	2	7
二十多歲	15	8	23
三十多歲	15	10	25
四十多歲	15	5	20
50 歲以上	10	2	12
其他	5	8	13
總計	**65**	**35**	**100**

單位：百分比（%）。

圖表 2-7　調整後的 5W1H 表

項目	內容	筆記
目的 （Why）	針對本公司的主力商品A商品，培育期間限定網紅來宣傳新品，並透過廣告活動增加曝光度、讓消費者理解新品與競品的差異。	
相關人士 （Who）	主辦單位：本公司。 協力廠商：廣告公司（支援＋公關）。 　　　　　廣告代理商（推行企劃）。 網紅：學生、二十多歲、三十多歲、四十多歲、50 歲以上，預計各 10 名以內，**男女混合，女性比為六成。**共 100 至 350 名＝50 名×**三至七個地點**。 名人：A美。	
細節 （How）	活動：在各地租借會場，3 小時活動提供下列內容： • 說明特色、名人分享體驗。 • 體驗A商品、設計相關遊戲。 • 說明廣告活動方法。 廣告活動：由網紅舉辦線下活動，或在社群平臺發文： • 線下活動一年 8 次以上、社群平臺分享 75 次（每週一至兩次）以上→A商品免費、下次體驗。 整體費用：東京 800 萬日圓（會場 300 萬日圓＋營運 300 萬日圓＋設備 200 萬日圓）。 **促銷效果：？**	3 小時＝ 開場、說明 30 分鐘 體驗 45 分鐘 遊戲 60 分鐘 廣告 45 分鐘 其他？
概要 （What）	活動：期間限定的新品體驗會。 廣告活動：活動後推行廣告。	
場所 （Where）	**日本全國二至七個地點（東京：新宿××設施＋一個地點或六個地點）。**	**東京、名古屋、札幌、仙台、大阪、神戶、福岡，同時在七個地方舉辦體驗會，會很困難嗎？**
時期 （When）	活動：6 月。 廣告活動：6 月開始為期一年。	

粗體字：模糊的要點；加底線：本次的提案事項。

從表格可以得知，無論在哪個年齡層，女性的銷售構成比都比男性低。結論就是公司商品對女性群體的銷售力道較弱。

加入「提升整體銷售」的要素後，募集培育的網紅其男女構成比就變成男性：女性＝四：六。

經過檢討修正的 5W1H 表如上頁圖表 2-7 所示（考慮到 I 部門經理對場所的關注度較高，所以往上移一格）。

專欄

一個馬虎的數據可能搞砸一切

「不靠數字掌控事物的人一定會失敗。請分析數據，弄清楚需求！」這是二〇〇六年我與孫正義初次見面時，他對我說的話。

當時面對孫正義的提問，由於沒有數據作為根據，我開口說明：「根據我在現場的感覺……。」孫正義對此馬上回話：「你個人的感覺不重要！」接著說了開頭的那句話。

在本書的範例中，I 部門經理也指示部屬「去看數據」。在工作上，數字和根據非常重要。

我曾在軟銀負責行銷，以下是從我的觀點中，整理出與數據相關的三個注意點：

1. 確實掌握數據的意義

數據隨著解讀方式不同，意義也會大不相同。

舉例來說，針對商品滿意度進行問卷調查時，當結果出現「九五%滿意度」，就很容易以為得到高度評價。如果因此說明「得到九五%滿意度的高評價」，就會是錯誤判斷。

為什麼？因為你不知道九五%這個數字是否真的算高。如果沒有與其他商品的平均滿意度比較，或與該商品歷年的評價比較，就無法正確解讀。

假設歷年的平均滿意度是九八%，而今年的滿意度是九五%，那滿意度反而下降了；如果還有其他滿意度九〇%、一〇〇%的商品，那九五%的滿意度就是普通，算不上高評價。

因此，即使得到「九五%滿意度」，也得正確解讀這個數字才有意義。

2. 根據調查方法不同，得到的數據也會不同

人們有時期待透過簡單的調查，就大致了解評價是「好」、「兩者皆非」或「壞」，但這種情況其實嚴禁要求三者擇一。

如果不用「非常好、好、兩者皆非、壞、非常壞」的五階段評價，就無法順利調查。

為什麼要注意這點？因為人很少選擇極端選項。

例如，要求對方從「好」、「兩者皆非」和「壞」三者擇一，那麼覺得「或許還不錯」的人很可能選擇「兩者皆非」，覺得「有點討厭」的人也可能選擇「兩者皆非」。

如此一來，選擇「兩者皆非」就混合了「真的是兩者皆非」、「或許還不錯」和「有點討厭」這三種想法，這種調查結果就不怎麼可信。為了得到可信的數據，這點至關重要。

3. 一個馬虎的數據可能搞砸一切

孫正義曾告訴我「不靠數字掌控事物的人一定會失敗」，這句話我謹記於心，但我還是有幾次失敗的經驗，在此與大家分享。

當內部創業剛開始興起時，我也曾在內部創業，最終卻讓那家公司倒閉。

我創立的那家公司過去提供線上的運動訓練服務，請顧客用手機或平板錄下自己練習的樣子後上傳，再請專業指導教練用錄音或書寫的方式修正，或錄下示範影片並回傳給顧客。此服務在剛推出時前所未有，不只利用服務的時間自由，即使遠距訓練也可以獲得高品質的指導。

當然在推出服務之前，我針對目標顧客實施過詳細調查。我們的顧客是學生和教練兩方，學生方的需求透過問卷調查便順利取得，比較難的是了解教練方的需求。

專業指導者本來就少，我也不是很清楚他們的需求。由於缺乏數據，本來應該停止企劃，但我找少數認識的指導教練討論這件事，他幫我詢問身邊的教練，得到的意見是「我周圍的人都說有意願」。因為朋友是很值得信賴的人，而且在工作上也很嚴謹，我就只根據這些資訊成立事業。

實際創業後是什麼情況？實際的教練人數竟然低於預估的十分之一，非常淒慘。明明有很多顧客想找指導者評估自己練習的情況，卻幾乎沒有教練願意接案。

結果事業沒有成功，公司只能關門大吉。無論怎樣嚴密的思考和準備，只要容許一個馬虎的數字，就會搞砸整個企劃。

「參考網路」、「根據過去的經驗」、「自己周圍的人都這麼講」都沒有明確根據，頂多是僅供參考。不盲信這些資訊，取得明確的數據比什麼都重要。

第 3 章

企劃案被打槍，怎麼調整

1 提案應該以誰為對象？

最初的提案遭到I部門經理嚴格指正，而你在接受建議並驗證數據後重新修正，內容如第一五九頁圖表2-7所示。

或許有人會產生疑問：「明明是考慮『如何促進新品銷售』，為什麼要因為部門經理的建議而調整內容？這與配合公司工作沒什麼兩樣吧（沒有考慮到顧客）？」、「結果必須配合I部門經理的成功經驗而妥協嗎？」

以此案例中部屬的立場來說，我認為這樣的修正非常正確。探討理由之前，我先說一下前提。

許多人對自己的主管有下列期待：「既然是主管，希望他可以根據應該進行的方向和需求，正確的評估我（部屬的能力）和企劃。」當然，主管應該盡到這樣的職責，且主管本身通常也會這樣自我期許。

不過，主管也是人，難免會根據過去的成敗經驗做判斷——對自己已知的事感到熟悉、對第一次聽到的事覺得新奇、對以前失敗過的事下意識排斥。因此，部屬請把這些前提納入參考。

運用表格思考、運用表格傳達，有助於你有條理、有邏輯的向決策者表達企劃方向和需求，但決策者仍可能根據其他因素做決定。

在本書的案例中，你一開始就說明自己的想法，並試圖說服主管。可是你的準備不足以改變主管的想法，而且在這個階段你也無法改變什麼。既然這樣，**與其堅持原來的方案，不如調整部分內容讓企劃通過，才可以得到更大的成果**。

與主管想法不同或主管很古板，工作是否就無法如意進行？並非如此。你**可以透過這兩點消弭主管與自己之間的鴻溝：其中一點是「了解期望值」，另**

一點是「了解主管的個性」。

透過思考這兩點，除了能讓工作更順利進行，也可以提升表格的精確度。

我們馬上來逐一了解。

2 滿足對方的期待

你有聽過「期望值」嗎？一般來說是指根據機率所得的平均值，但我的用法有些不同，我指的是對方對「自己」的期待。

「期待」一詞可以用來指「如果〇〇可以為我做△△該有多好」、「期待你的發展」等模糊和曖昧的事物，但我想表達具體的事，所以選擇用期望值這個說法。

既然是工作，就要思考他人的期望。或許你覺得理所當然。不過在我的印象中，即使知道這件事理所當然，卻很少人真正理解並付諸實踐。反之，也有人由於考量到期望值，所以工作變得更順利。

前面我把期望值的用法換成對方對「自己」的期待，在「自己」的前後加上引號是有理由的，因為這個「自己」有兩個意思：其一是對「你這個人」的期望值，另一個是對「你做的工作」的期望值。

期望值有兩種

我們再回顧新品體驗會的案例，請回想I部門經理的指示。I部門經理表示：「首先以你為中心擬出企劃，待組織定案後再發表於業務行銷策略會議。希望你好好把握機會，我很期待。」

為什麼I部門經理會這麼說？那是因為他期待下達指示後，你會想出可以發表在該會議的計畫。「這個人應該會為我做這件事。」、「這件事交給這個人，應該會有不錯的進展。」這是對個人的期待。

另外，I部門經理委託你的時候，應該預期你會提出達到某個水準的企劃。他預期的水準就是對你做的工作的期望值，也可以說是對企劃的期望值。

不只是工作，各種事情都有以下兩種期望值：

1. 對人的期望值

委託者的心聲可能是：「這個人應該會為我做這件事。」、「這件事交給這個人，應該會有不錯的進展。」

特點：

- 與信任的相關程度較高，不容易建立。
- 如果持續達成要求，會被賦予更重大的工作、更困難的事。
- 如果無法達成要求，評價會降低、他人會感到失望。

2. 對案件的期望值

委託者的心聲可能是：「會提出這種水準的計畫吧？」、「應該會有這種程度的完成度吧？」

特點：

- 隨案件產生，與信任的相關程度較低。
- 如果無法達成要求，會被認為沒有盡力、被責罵。

代入家庭場景，或許更容易理解。請想像一位母親與五歲孩子對話。

假設母親交代孩子：「把房間裡散亂的玩具好好整理一下。」後，出門買東西。這時，母親認為的整理，是把散落在地板上的玩具全部收到玩具箱，再把玩具箱收進壁櫥，避免地板上出現雜物。她期待自己的孩子可以做到，所以吩咐孩子整理。母親對孩子抱有「會好好整理」的期望值。

不過，孩子認為的整理，是移動散落的玩具，在地板上清出一條通道。因此，孩子在母親回家前盡量把玩具集中到房間角落，清出可通行的空間。

所以，母親回家後非常生氣。因為對孩子的期望值、對整理的期望值沒有被滿足。

另一方面，由於孩子認為已經整理好（清出通道），所以不理解母親為何生氣。這樣的事情越積越多，孩子就會覺得：「母親很囉唆、很討厭！」

如果閱讀這本書的是母親或主管，我想請你思考這一點：「這則整理的例子，可以說是孩子的錯嗎？」

單從結果來看，可以了解是因為房間沒有整理好所以生氣。不過，母親本來就沒有提到須整理到什麼程度。沒有講清楚，只是罵孩子「沒有整理」，無法改善這類情況。

雖然沒有符合母親的期待，但孩子也以自己的方式整理。從這點來說應該給予肯定。

另一方面，如果是孩子或部屬閱讀這本書，那就必須思考：「主管對你有什麼期待，你有確實掌握嗎？」

如果自以為「整理＝清出通道」然後行動，結果就是等著被罵。收到指示後，如果沒有思考對方對自己和案件抱有什麼期望值、要求什麼成果，就難以讓主管或母親滿意。

像新品體驗會用表格制定企劃的情況，如果從一開始就考量指示者的期望值，會大幅提升最後的評價。

評價取決於期望值的落差

無論是工作或整理房間，只要考慮到期望值，就會出現下列變化。

- 因為清楚「要做到什麼程度」，所以降低精力耗損。
- 因為清楚「應該達到的目標」，所以產生動力。

在此舉整理為例逐一分析。

首先談「要做到什麼程度」。母親交代「把房間裡散亂的玩具好好整理一下」後就出門。這時若孩子確實理解母親的期望值，就知道要把散落在地板上的玩具全部收到玩具箱，再把玩具箱收進壁櫥，避免地板上出現雜物。

換句話說，只要把全部的玩具都收進玩具箱，玩具是什麼狀態都無所謂，且只要把玩具箱收進壁櫥，蓋子沒有蓋好也無所謂。孩子必須動手整理的是掉落在地上的玩具，桌上或櫃子裡亂七八糟也沒關係。

理解期望值再行動，就會清楚該做什麼、要做到什麼程度，不須花時間和精力處理對方沒有特別要求的部分，效率因此提升。

反之，如果沒弄清楚期望值就行動，無形中把精力花在對方不在意的細枝末節，便會導致生產力下降。

接著談「應該達到的目標」。人的認知很不可思議，一旦弄清楚目標，朝目標前進的動力就會瞬間高漲。如果對整理後的狀態有明確共識，完成的難度就會下降。

表現超過期望值一點就好？

掌握期望值有助於提升生產力和工作效率。說到這裡，或許有人認為「工作上總是超出期望值一點點最好」——這個想法過於草率，因為期望值沒有超過最低限度，就不會被認同；不過，若刻意大幅超過期望值，就像是帶給對方驚喜，能獲得額外的回報。

數年前在我女兒生日那天，我們全家一起去迪士尼樂園慶生。許多遊客都知道，生日的時候去迪士尼樂園可獲得生日貼紙。把生日貼紙貼在身上顯眼的地方，樂園裡的卡通人物或其他人都會來祝賀：「生日快樂！」女兒對此高興得不得了，一整天都笑容滿面。

那天我們是開車出門，從迪士尼樂園到返家，女兒一路上心情愉快。當我愉快的回到家，下車時看了一下擋風玻璃的雨刷，發現上面也夾了一張生日貼紙，貼紙上寫著：「生日快樂！」

一瞬間我覺得有點不舒服。請各位思考看看，我的車一整天都停在迪士尼樂園的停車場，而我不曾在中途回到車子上，也沒有印象在車子周圍提過生日的事。遊樂園怎麼知道這輛車的車主生日？想到或許有人在某處看著，然後偷偷放上貼紙，覺得有點不舒服也很正常。

不過，當我看到貼紙背面時，心中的疑惑瞬間消失無蹤。貼紙的背面寫著：「三百六十五分之一日，感謝您在今天這個美好日期來到迪士尼樂園。充滿紀念和感謝，祝您有美好的一天。」

確實如此，我的車牌號碼是女兒的生日。大概是因為車牌號碼與當天的日期數字相同（例如十一月十八日就是11－18），所以迪士尼樂園覺得「應該是有人生日」，才給了這個驚喜。

當天我們懷著「帶女兒去迪士尼樂園過生日，可以得到很多人的祝福，女兒也會很高興」的期望前往迪士尼樂園，而我們的期望確實達成。不過竟然在車子上也留下祝賀訊息，這是遠遠超出期望值的驚喜。提供遠遠超出預期的驚喜，可以一口氣獲得他人的信賴，迪士尼一事讓我深有體會。

3 該考量誰的期望值？

或許也會有人想問：「新品體驗會雖然是由主管下指示，但最後還是得經過業務行銷策略會議討論，也得考慮社會評價吧？那要考量誰的期望值？」

答案是**擁有決策權的直屬主管或批准者**。基於公司制度，你想在社會或全公司會議一較長短，須先通過主管那一關，且如果I部門經理不同意，企劃根本到不了全公司會議。因此，首先從考慮I部門經理的期望值做起。

想達到I部門經理的期望值，該怎麼做才好？參考他的發言、個性和過去經驗，思考他重視什麼就可以得知。

以這次案例來看，根據I部門經理的回饋，可以得知5W1H中他最重視相關人士與場所。

如果I部門經理懷疑：「這個提案有實施的必要嗎？」、「無法理解企劃目的。」可以推斷他最重視目的（Why）。這種情況就須詳細準備背景說明、數據資料和理由來加以解釋。

假設I部門經理在過去有價格競爭的成功經驗，平時就很注重和價格相關的銷售策略，是重視數據的理論派，且個性上熱血又有些性急的話，重視的要點就會跟著改變。

那麼，下列類型的人擔任主管的話，部屬又該重視什麼？

假設Y部門經理喜歡新事物，過去曾透過自己的構想為公司取得巨大利益。他覺得腳踏實地取得成功很重要，但也重視獨特的構想和新嘗試。

一個人的期望值會隨著個人經驗（行銷、業務、財務、人事和技術等）和不同案件而改變。即使是喜歡新事物的Y部門經理，如果遇到賭上公司信譽的方案，或許還是會偏向風險低的決定。

由於期望值會隨著對象和案件而改變，每次都要做好相應的思考和準備。這是為了什麼而準備的資料？資料是給誰看的？該重視速度還是完成度？批准者和決策者是誰？如果沒有意識到這些事，工作效率就會大幅降低。

工作效率差，可能不是因為要做的事情太多，也不是不得要領，而是沒有考慮到期望值。

不必為了配合對方而放棄自己的想法

在解讀期望值的階段，有時會發現自己和主管所想的有落差。比方說主管很重視價格，自己卻想用品牌推廣一決勝負。遇到這種情況，只能放棄自己的想法，配合主管的期望值嗎？

那倒不見得。如果部屬只配合主管的期望值做事，組織就缺乏發展性。部屬應該以主管的期望值為基礎，然後進一步超越。

也就是說，清楚了解主管的期望值和自己的構想，意識到兩者之間的差異，才會知道該怎麼填補這個差異。

為什麼品牌推廣很重要？這關係到做出與競品的差異化，有助於提升顧客認知度和取得信賴。你可以把這些要素與主管重視的價格競爭比較，並準備好說服主管的相關數據和資料。同時，還需要多次進行內心模擬會議。

沒有這些前置準備就寫企劃、和主管討論，根本只是嘴上空談，而且主管比你更有經驗和知識，不可能被你說服。當你主張品牌推廣的重要性，對方卻不為所動的表示：「你在說什麼，用價格取勝就好吧？」就有可能是你搞錯或無視對方的期望值，只顧著表達自己想講的事。

如果沒有超越對方的期望值，即使在其他方面的構想多麼優秀，也不會被認同。首先考量對方的期望，弄清楚該做什麼準備，才是讓工作順利進行、取得成果的捷徑。

超出期望值，信賴度也會提升

考慮期望值再行動，除了能夠讓眼前的工作順利，還有其他好處——個人的期望值會因此提升，並贏得信賴，讓他人認為「把事情交給你，你會想辦法辦好」。

我在公司隸屬CSR部門，二〇一一年七月開始兼任支援東日本大震災復興財團法人事業局長（現在是支援兒童未來財團法人執行董事），為了支援日本東北地區的兒童與其家庭，我負責推動支援復興和地方創生活動。

自從接下這個工作，我有更多機會接觸到公司以外的人，當有人委託我，我都會一邊聽對方的話，一邊思考他對我有什麼期望：「這個人對我有什麼期待？為什麼會找我商量？」

同樣是東日本大震災的受災區域，不同區域的狀況和課題也是千差萬別；

即使是相同區域，不同支援負責人也有不同的思考和觀點。然而，抱持開放的心態關心和了解對方，內心和態度自然會變得正向。當我表現出正向態度，對方也會更倚重我。

這種情況或許與戀愛有點像。請回想一下，許多人都曾在青春期對異性產生好感，並想知道對方的事——對方的生日是什麼時候？嗜好、喜歡的食物、喜歡的音樂是什麼？怎樣做可以讓對方高興，並喜歡上自己？如何讓對方更了解自己？

不過戀愛全憑喜好，再怎麼思考期望值也可能徒勞無功，但在工作上，大致都會獲得一定成果。

總之，我在日本東北地區支援的時候，一直以解讀期望值的態度面對他人，於是大家一有事就會找我商量，簡直被當作萬事通。「雖然不是池田先生負責的事，但請教我怎麼用 iPad。」甚至有人請教我這種事，於是我也協助開設高齡者專屬的免費 iPad 教室。

雖然免費教室和獲利無關，但萬一參加者對軟銀產生好印象，或許會把手機的門號轉移到軟銀也說不定。履行CSR部門的目標，實踐社會貢獻的同時，最終可能也會為公司帶來貢獻。

4 了解主管的個性

為了順利進行工作，與期望值同等重要的是了解對方。這裡說的對方，除了指主管，還有同事、團隊成員和客戶等，與工作相關的各種人。

你對周圍的人有多了解？其實很多人幾乎不了解與工作相關的對象。

我在企業和地方政府舉辦一整天的研討會時，通常會花一個小時自我介紹。除了工作上的事，我還會毫不隱瞞的分享小時候、學生時代的各種經歷以及趣事。

不過，在我分享自己的資訊後，當我問：「假使你是我的部屬，你知道5W1H中，我最在意的是哪一點嗎？」卻沒有人答得上來。

無論講再多自己的事，還是難以讓他人知道自己在想什麼、重視什麼，以及如何判斷。我安排一個小時的自我介紹，就是要讓大家了解，人沒有這麼容易相互了解。

思考期望值的同時，也必須知道對方是什麼樣的人。儘管如此，無論得到對方多少資訊，還是很難完全了解他是什麼樣的人。要是自以為了解對方就會栽跟頭，這一點在工作時絕對不能忘記。

我曾經有相關的慘痛經驗。

「自以為了解」的誤判

作為東日本大震災支援復興計畫的一環，軟銀曾推出名為「慈善白」的自由樂捐活動：用戶如果除了支付月租費，另外再捐款十日圓，軟銀也會加碼捐出十日圓，每個月合計捐款二十日圓給災區兒童。

軟銀當初在震災後，就馬上著手修復通訊服務，並設置捐款窗口，還提供出借手機服務。不過，災後的支援復興並非短期工作。受災嚴重的地區，需要數個月，甚至是數年、十年以上的支援。街道或許花費數年就可以恢復美觀，但災民需要持續的幫助。

參考過去日本阪神大地震的支援復興活動，可以知道地震後過了三個月，會出現補貼銳減的情況。為了防止這種情形，我們思考不是一時而是可以持續援助的方法，於是想出自由樂捐計畫。

我運用先前在行銷策略部制定新資費方案的經驗，同樣進行數字估算和設計操作流程，然後在經營會議發表計畫。

以孫正義為首的經營團隊馬上認可我的計畫概要，但最初的經營會議結果是「無法批准，計畫重作」。為什麼沒有被批准？我詢問哪裡有問題，得到的答案卻是「仔細思考後再重新提案」。

後來我調整募款單位後重新提案，將募款單位改為「中央共同募捐會」

（又稱為「紅羽毛共同募捐會」）和「足長育英會」。「慈善白」活動從二〇一一年八月開始提供服務，累積超過三百萬人響應。捐款金額合計十一億一千七百七十萬兩百九十六日圓（二〇二〇年七月三十一日停止受理）。

最初的提案沒有通過，問題出在我自以為了解孫正義和經營團隊。最初提案的時候，我只考慮長期支援災區兒童，選了幾家或許可以配合的團體，其中也有一些才剛成立不久。

但經營團隊重視的要點不只如此，除了必須提供長期持續的支援，還進一步要求「盡量迅速」和「更多成果」。而我一開始提案的配合團體才剛成立不久，還不具備相當的知名度和成就。呼籲大家捐款時，首先得說明募款單位的來歷，也可能被要求說明「為什麼要捐款給該團體」。

一次一次的說明可能只是小事，可是如果要推廣到日本全國，一定會影響到捐款速度和金額。我只顧著考慮支援災區和發揮企業社會責任，忽略了孫正義和經營團隊所關注的重點。

對方是什麼樣的人？他重視和在意什麼？他喜歡什麼提案、會對什麼事情發怒？這些事情即使無法百分之百了解，至少在行動前也要詳加思考，這一點對工作來說不可或缺。

5 如何問，別人肯說？

前面我提到誤判孫正義經營團隊重視的要點，想必大家也發現，了解對方並不容易。

當今時代即使是為了讓工作順利，若詢問部屬或團隊成員的隱私，可能會構成騷擾。那怎麼做才可以了解對方？

一般來說，可以追蹤對方公布的事、日常發言、與誰在一起，以及社群平臺的發文，但很難每天花時間注意這些事，而且有些人根本不發文。

在此告訴大家，即使是忙碌的職場人士也可以馬上做到的三項知人要訣：

1. 用開放式問題，詢問對方最在意的三件事

想了解對方，請教對方是最快的途徑，所以只能開口詢問。即使如此，張口就問：「你有女友嗎？」會馬上出局。為了避免讓對方不愉快，當我想了解對方時，我都是私下詢問：「你最在意的三件事是什麼？」

回答的內容當然可以是工作，其他的事情也無妨，也可以混在一起講。

舉個例子，對方可能會回答：「第一是搬家。這個週末要搬家，但行李都還沒有打包好；第二是有點擔心○○公司的工作；第三是昨天的研討會，我學到很多……。」

這時你可以回應：「要搬家啊！要搬去哪？」進一步延伸話題。針對對方提起的話題進一步追問，就可以讓他打開話匣子。

追問的時候，不要用對方可以回答「是」或「否」的封閉式問題，而是可以自由回答的開放式問題，以取得更深入的資訊。舉前面搬家的話題為例，進一步詢問：「要搬去哪？」就是一種開放式問題。這時對方能輕鬆回答「橫濱

一帶」、「我老家在北區，要回去住一段時間」，話題就會越聊越起勁。

我尤其會定期詢問部屬：「這個月最在意的三件事是什麼？」他可能回答「其實我媽突然住院了……我滿腦子都是這件事」，或「這陣子被求婚了，我們在討論明年去登記」。我通常透過這種方式得知部屬的私人問題。

這些訊息即使與工作沒有直接相關，但可以當作工作安排的參考。比方說，這段時期不要發派責任重的工作，或盡量減少加班。這些資訊很重要，可以藉此知道對方重視什麼。

如果想知道更多資訊，**可以詢問對方近期發生的三件好事和壞事**。透過定期詢問，能觀察對方在意的事情是否有所調整或變動。

這個方法不只適用於職場，也可應用在日常生活中。我與孩子一起泡澡時也常用這招，上小學的三男幾乎都聊遊戲和玩樂的事。過一段時間後再問他，可以觀察到孩子的變化：「咦？他之前沒講過這樣的事呢！」

2. 好好介紹自己

想知道對方的事，要訣竟然是好好說自己的事，這叫做「自我揭露」。如同前述，我在座談會都會花一個小時介紹自己，原因不只是我想講自己的事。人的特性就是如果對方分享自己的事，自己也容易向對方談起自己。

實際上當我說我是川崎市人，就會聽到類似「我也是川崎人」或「我上週末才去過川崎車站的購物中心……」等回應。透過這個方法再善用開放式問題，就可以得知對方的事。

人通常不想對不認識的人談及私事。首先由自己談起自己的事，這樣一來對話就容易進行下去。

3. 積極聆聽對方說話

所謂的聆聽，簡單來說就是仔細聽對方的話。聽對方說話的時候，要站在對方的立場理解他的情緒。

了解對方的第三項要點就是「聆聽」。

聆聽是美國心理學家卡爾・羅傑斯（Carl Rogers）提倡的「積極聆聽」（Active Listening）的技法之一，具備以下三大原則：

- 同理心（empathy,empathic understanding）：站在對方的立場，用同理心理解對方的話。
- 無條件的正向關懷（unconditional positive regard）：不帶善惡好壞的批判、不否定對方的話，並用正向關懷的態度傾聽對方說話，思考他為什麼會這麼想。
- 內外一致（congruence）：不懂就問，向對方確認清楚。

可根據前面的內容，統整出下頁圖表 3-1 的聆聽方法。

首先從有意識的點頭開始：聽對方說話時，只點頭表示「嗯」或「好

圖表 3-1　積極聆聽的表現

	目的	說出口的話
點頭	表示「有興趣」	「原來如此。」
重複	表示「我有在聽」	重複對方的話
歸納	表示「我有掌握狀況」	從對方說的話抓出關鍵字
發問	具體「深究」對方的話	詢問「你喜歡什麼？」

的」。這麼一來，無論之後是被否定還是被肯定，對方都會產生「被傾聽」的安心感，讓彼此的討論和談話變容易，降低溝通不良的可能性。表現出「我很認真聽你講話」的態度，會給對方心理帶來很大的影響。

下一個方法是「重複」。當對方說「顧客的回覆好慢」，你就附和「原來如此，顧客的回覆好慢」。這個方式就是大家熟知的「鸚鵡學舌」，應該很多人都會用。

接著，就是進入抓住關鍵字的「歸納」階段：「所以，是與代理商的合作有問題吧？」、「對方可能沒有建立管理系統。」歸納會讓對方有更強烈的安心感，覺得「我說的話對方確實有聽懂」。

不過，如果在對方話還沒講完就歸納，或歸納的內容不符合對方想傳達的事物，就會讓對方產生不安，覺得：「是不是想早點結束話題？」、「有沒有認真聽我講？」

經過前述階段，最後再詢問對方：「你想怎麼做？」或「你希望對方怎麼做？」人在傾訴煩惱的時候，往往能自行釐清思緒，找到解決辦法。讓對方整理他自己說的話，會更容易找到解決方法。

或許有人認為「聽人說話」很理所當然，不必說明也做得到。不過，請大家客觀的自我檢視一下，可能會意外發現，自己其實都沒有好好聽別人說話。不是當作耳邊風，就是板著一張臉，這樣對方根本就不想傾訴。

只有認真傾聽才能讓對方打開心房，得到了解對方的機會。

6 獲得客戶信賴而提升營業額的故事

工作是由人與人共同完成。而人與人交流一定會產生情感，當你回應對方的期望，對方就會覺得愉快。在這個過程中，人與人之間就會產生信賴。

雖說如此，我也曾經忘記周圍還有旁人，忘記工作是由人與人共同完成。

那是我一開始進公司被分發到業務部門，負責代理商的家電量販業務時的事。如同前述，軟銀（當時是J–Phone）當時還處於追趕大企業的階段。不只是我，全公司都瀰漫著「無論如何必須銷售」的氛圍。

在家電量販店推廣業務時，也須整理自家公司的商品架，所以經常會遇到顧客上前攀談，這時我會趁機推銷自家公司的手機，也會主動招呼附近的顧客，每天過著努力推銷的日子。

即使如此，銷售數字還是不盡理想，我的壓力很大，正當我覺得「這樣下去不行。如果不祭出『限量』或『只限今天』等話術，數字就無法提升」時，我負責的幾間店鋪營業額竟然開始上升。

既沒有舉辦促銷，也不是靠我每天推銷，為什麼會有這麼突然的變化？我直接跑去詢問店裡的人，他表示：「如果有顧客不知道要買什麼手機，我都叫店員推薦 J-Phone 機種。」

在店裡的時候，我經常遇到來看其他家電的顧客，他們會問我：「請問電風扇在哪一區？」、「哪種洗衣機比較好？」、「這個跟那個有什麼差別？」

從顧客的角度來看，看到我穿著西裝做推銷，確實不會知道我是隸屬哪家公司，會詢問我也很正常。我會把這類顧客帶到專屬賣場，盡己所能說明商品，比方說「這是省電設計，所以還不錯」，或「這款很安靜，價格也很優惠」，然後再交給賣場負責人。

店員把我的行為都看在眼裡。他們表示：「只要池田來，其他家電也會熱賣。所以如果有顧客猶豫要買什麼手機，我就會推薦你們的產品。」店家對我的期待，用一句話說就是「親切銷售」。

經常出現在店裡、細心接待顧客，並讓賣場保持整潔。這些理所當然的業務服務正是對方所期待的，我符合這些期待，所以建立了信賴感。我因此得到寶貴的學習經驗。

我也深刻檢討那一瞬間差點走歪路的自己。結果在一九九九年，我負責的千葉區量販店在銷售目標和銷售額都拿下第一。

了解對方就會知道他的期望值，接著取得信賴就會做出成果。希望大家也實際體驗「期望值×了解對方」所產生的正向循環。

第 4 章

用猜拳理論，決定合作對象

1 打探，提高成功率

許多工作無法獨力完成，幾乎都需要人與人互相協助。正因如此，許多工作煩惱往往來自於人際問題。

本章想分享如何經營團隊與人際關係。

回到新品體驗會的案例，這裡把焦點轉移到I部門經理。I部門經理也希望這個體驗活動可以成功，這時他可以做什麼？

I部門經理雖然身為經理，但從更高的角度看，他算是大公司的中階主管，他覺得好的構想不見得能在公司會議通過。這就是I部門經理的立場。

因此I部門經理的考量如下：「這次新品應該是N常務主導，他非常關注這個案件。N常務正是自己可以接觸到的關鍵人物。」

對關鍵人物可以做的事就是「打探」。I部門經理打算在電梯裡遇到N常務時輕鬆提起：「這次的體驗會我打算朝這個方向進行，您覺得如何？」

這種**事先口頭詢問就是打探，重點是「口頭」兩字**。人很奇妙，內容只要印在紙上就好像已經確定一樣。

我還是新人的時候，在製作資料的過程找主管討論，一拿資料給主管過目就會被罵：「錯了吧！」

不管我如何解釋「不是，這還只是草案」，每次都還是被罵得很慘。由於把資料列印出來，所以給對方留下「做錯」的印象。光是把資料改好還不行，主管甚至會覺得「本來就不應該出現那種企劃」。

不過，如果換作是口頭詢問，對方就會給予無關對錯的輕鬆反應：「不是那樣，是這樣。」、「有關這點要特別注意。」、「那樣可以喔。沒錯，那個部分很困難。」

打探的時機

打探的時機是什麼時候？打探的頻率和次數會隨著案件大小和重要性而改變。這裡以體驗會為例，思考理想的打探方式。

1. 第一次：開始行動後

對N常務的第一次打探，最理想的時機是在開始行動後。先口頭告知「這次體驗會我想這樣安排」、「我與部門成員正在討論這個方向」。

2. 第二次：行銷會議的前一個月

內容比第一次稍進一步即可。

3. 第三次：召開行銷會議前

即將召開會議前，可以帶著資料具體告知內容：「我們想以這個形式發表，沒有問題吧？」

然後根據這次打探結果，決定最終的提案內容。

從被打探者的角度來看，他從同樣的人口中聽了好幾次相同的事。如果這是對全公司發表的提案，「聽過很多次」有很大的意義。因為當人們聽過一件事情很多次，就會對其感興趣，也會有一定程度的了解。

即使對方一開始的印象是：「工作現場在討論這件事嗎？」」沒多久後，想法通常就會變成：「我一直有在關注那件事。」

這裡介紹的終究只是理想情況。這次的例子也一樣，打探可以根據事情的時間線調整，比方說減去第二次，或多增加幾次。

與前面介紹的方法相比，打探的技巧確實偏難。不過為了實現自己的計畫，打探是非常有效的工具，學一下沒有損失。

打探也可以迴避風險

「打探」其實就是輕鬆確認，由於事先確認方向和擔憂事項，所以也可以迴避風險。

我還是新人的時候，曾被要求挑選經營某平臺的外部業者。我針對申請的業者蒐集資料進行比較，最後選出符合需求、條件很好的C公司。之後我製作採用C公司的企劃書拿給主管過目，主管還沒看完就表示「這個不行」然後駁回企劃案。我詢問為什麼，主管表示之前曾與C公司的前身合作過，當時發生的問題演變成嚴重事件。

對我來說，那是我進公司以前的事，更何況公司名稱也不一樣。其中竟然隱藏這樣的問題，簡直令人錯愕不已。

如果在製作企劃書前能口頭詢問：「這家公司看著不錯，您覺得如何？」就可以避免這種情況。由此可知，為了確認是否有自己不知道的前提，事先打探真的是能做就得做。

「這個幫我整理一下」如果遇到這類交代不清楚的工作，也就是被丟難題時，打探也可以派上用場。

比方說被要求整理資料，但根本不清楚是什麼用途的資料、目的為何，卻又不方便追問；或者即使沒這麼極端，線索卻很少，難以推測期望值；或很多事都摸不清楚方向。

遇到這種情況一定要積極打探，詢問對方：「我整理起來是這個樣子，這樣可以嗎？」、「關於昨天交代的事，這裡有點困難，朝這個方向進行可以嗎？」這樣做不只可以逐步弄清楚方向，途中也會取得某種程度的共識，最後提交資料時也更容易取得認同。

組織計畫成員和建立體制的時候一定要事先打探，尤其是有結合外部團隊的情況。無論個別能力和成果有多優秀，也可能會出現「混用就會危險」的情形。有些事情還是要找專業人士或有經驗的人打聽一下。

邀請同事聚餐的情況也一樣，針對關鍵人物可以打探一下，以避免約了A和B，但事後才得知「A和B之前很好，最近兩個人卻好像形同水火」。

另一方面，如果同事找我確認事情，比起特地到辦公桌前問我，在走廊或電梯向我搭話，我反而能輕鬆回答。

無法打探的情況

最近遠距工作的情況變多，因此在公司與主管和同事相遇的機會變少。所以當我有事情想找某人確認，我會查明對方的行程後，刻意製造碰面機會。這種方式看似迂迴，但小小的溝通累積起來，正是讓工作快速進展的重要因素。

日常工作中我都把「打探」這件事放在心上，尤其面對握有重要決定權的關鍵人物。

不過有些對象雖然是握有重要決定權的關鍵人物，卻無法向他打探消息——那就是孫正義。由於他非常繁忙，根本不可能直接對他開口：「方便談一下嗎？」遇到這種很難接觸到的人該怎麼辦？

方法就是**從他的周圍蒐集資訊**。比方說詢問社長辦公室的成員：「孫正義對這件事有提到什麼看法嗎？」盡可能蒐集資訊。即使如此，還是可能遇到「先做再說」的情況。萬一提案真的被駁回，後續的處理速度就很重要。「雖然還只是草稿，請您過目。」當天或最晚隔天就要重新提案給對方過目。

防止計畫翻盤

I部門經理對新品體驗會的回饋其實也是根據打探得來的資訊。或許有讀者認為「打探這種事不光明正大，不是純粹靠內容取勝，很討厭」。

我想問問這麼想的人：「比起企劃沒通過或得不到重用，哪個比較討厭？」原本我們思考企劃就是為了產生新價值吧？而不是思考活動本身有無意義。既然投入時間工作，就是要努力取得成果，不是嗎？

我還想問：「有沒有遇過直屬主管說OK，結果卻被上層主管推翻的情況？」許多企業決定事情都是層層批准。尤其是重要案件，不只部門經理同意，還需要經過上層主管核准。

這時可能會出現「計畫翻盤」的情況，也就是「我與部門經理連細節都顧慮到了，卻被區域經理全盤否決，導致提案沒通過」。如果是小事還可以忍，但若是耗費好幾個月完成的企劃案發生這種情況，相信許多人都難以接受。

發生這種事的原因之一，有時候是「部門經理沒有打探清楚」。如果部門經理事先對區域經理提過「我們整理的方向是這樣」，應該就會得到「等等，不是這樣」的回應。由於沒有打探清楚，可能會導致機會流失。

話說回來，I部門經理向N常務打探消息時得到一項有力資訊：「如果要邀請名人，最好找法務部門的Ｔ諮詢與宣傳相關的權利和契約。」其實這家公司以前邀請名人的時候，曾經被告知活動拍攝的照片和影片「不可轉載」，所以之後對於與名人合作的契約就非常小心。

不過，Ｉ部門經理和法務部門的Ｔ從以前就合不來，和他溝通實在是有困難。Ｉ部門經理該怎麼做才好？

2 如果孫正義出石頭，誰能出布？

要找誰合作時，我會使用「**猜拳理論**」。猜拳理論是善用人脈找重要對象合作的一種手法。

二〇一四年我推行利用智慧手機和個人電腦捐款的企劃，名稱是「感應募款」，只要下載專用的App，感應Logo標誌就可以輕鬆捐款。

為了推廣這個企劃，我預計召開記者會公告消息，所以無論如何我都希望孫正義可以出席這個記者會。

孫正義是否出席記者會對社會的關注度影響很大，而且既然是以軟銀的名義推行活動，孫正義是否出席也關係到消費者對品牌的認知。

不過，即使對孫正義據實以告，他也不一定會出席。當時我想的是：「**用猜拳來思考，如果孫正義出石頭，能出布的人會是誰？**」

當時我腦中閃過的人選是王貞治。

軟銀之所以收購福岡大榮鷹隊（後來改名為福岡軟銀鷹隊）、進軍職業棒球，是因為孫正義很尊敬王貞治（當時福岡大榮鷹隊的總教練）。王貞治也很熱心推動世界少棒推廣基金會，強烈關注社會貢獻議題。因此我找機會與王貞治見面，與他談起「感應募款」活動。

王貞治不只熱心的聽我說明還大為贊同，甚至表示願意出席記者會。因此，我馬上發郵件告訴孫正義「王貞治會出席記者會」，於是孫正義也表示可以出席。

工作至今，猜拳理論幫了我無數次的忙。

比方說成立ＳＢ新冠肺炎檢測中心時，國立國際醫療研究中心的醫師們給我們諸多協助，背後也有猜拳理論相助。其實軟銀的企業健康管理顧問曾是國立國際醫療研究中心的職員，透過這層關係，我得以與理事長面談。

如果沒有這些準備就貿然去拜訪國立國際醫療研究中心，我可能連理事長的面都見不上。如果有無論如何都想請出馬的關鍵人物，光靠自己無能為力的時候，一定要找出「可以讓關鍵人物出面的人＝與關鍵人物猜拳會贏的人」。多了這層助力，事情會意外的進展順利。

找到心甘情願幫忙的人

雖然猜拳理論有請人出馬的強大力量，但使用上須注意一點。那就是拜託對方的主管是ＮＧ行為。這是為了避免變成打小報告。

舉個例子，假設Ｉ部門經理與法務部門Ｔ的主管有交情，他對Ｔ的主管提起這件事，Ｔ可能就會被下達工作命令：「你好像沒有協助Ｉ部門經理的部屬〇〇，快去幫忙！」

如果被主管特意提醒，T也只能著手幫忙，可是他的感受會非常差。這種感受當然不是對自己的主管，而是I部門經理。之後T一定會極力想與I部門經理撇清關係。因此，不能拜託T的主管。

那麼該由誰來擔任出布的角色？就像我突然想到王貞治一樣，可以出布的人，可能就在意想不到的地方。

重點就是前面提到的「了解對方」。做什麼事對方才會高興？掌握對方的思考傾向、氣質，甚至是優缺點，誰是出布的人應該就會自然浮現。

比方說「自己家人其實與○○的家人交情不錯」，也可能出現「其實自己與○○正在上一樣的課，那位老師就是出布的人」的情況。緣分從何而起不得而知，遇到重要事件時，猜拳理論便有可能派上用場。

3 珍惜緣分

我在前面已經提過，工作是建立在人與人的關係上，人生也很看重「緣分」。我畢業後就進入軟銀的前身東京數位電話工作，至今都待在同一家公司。工作期間經歷過好幾次組織變動、崗位調動，以及工作變更的情況。支持我走過來的是曾經關照過我的人和一起工作的同事們。經歷越多，越能體會緣分很重要。

有一些經驗讓我深刻體會到緣分的重要性。二〇一一年籌設支援東日本大震災復興財團法人時，其實我有一度想要請辭（軟銀）。

我想為災區兒童貢獻心力，確實給予長期支援。這個想法促使我參與籌設公益財團法人，且我還想擔任事業局長。但這時出現一個大問題——財團法人對我明言「不能身兼現職」。

這個要求我確實可以理解。因為當時我在軟銀負責行銷策略部，而此部門說是把企業利益擺第一的團隊也不為過。

行銷策略部的負責人如果身兼財團法人的事業局長，外界會無法判斷是營利活動還是非營利活動，恐怕還會讓人誤會「在公益財團法人的背後，軟銀一定有營利」。

要為了支援復興辭職做財團法人的工作？還是把財團法人託付給可以信賴的人，自己繼續在軟銀工作？我被迫面臨二選一的情況。

以為必須辭職時，有人對我伸出援手

這個社會絕對需要「支援東日本大震災復興財團法人」這種團體。

不過也由於這個名稱，當支援復興告一段落就很可能解散。除了關懷受災戶，我還想到他們之後的生活、孩子們接下來的教育費，這些都不是能簡單決定的問題。經過深思熟慮，我下定決心「還是辭掉工作專心處理財團法人的事」，於是我便找當時軟銀的常務執行董事青野史寬商量這件事。

「青野先生，其實我……。」他是十年來在工作上各方面指導我的人，就像我的老師，我向他學到很多事。我把自己面臨的狀況以及想法全部告訴他，他慢慢的聽我說：「所以我考慮請辭。」

青野史寬聽完我的話後表示：「這件事讓我想一下好嗎？」辭職需要安排和手續，所以我說「我明白了」然後轉身離開。數天後，他竟然帶給我意想不到的消息。他認為「沒有必要請辭，轉調到非營利的部門就好」，所以我就從行銷策略部轉調到CSR部門。換到推動社會貢獻事業的CSR部門，就能與財團法人追求共同的目標。

陷入二選一的思考時，我竟得到身兼二職的指示。雖然說起來有點老套，但我當時確實有茅塞頓開的感覺。

正因為當時的安排才有今日的我。面臨人生的轉捩點時，我與青野史寬的緣分拯救了我，他在我不知所措時給我智慧的指引，真的感激不盡。

透過在日本東北地區活動的緣分，當時規模不足二十人的CSR小部門成長為一百二十人，致力於推廣SDGs（永續發展目標）、ESG（環境保護、社會責任和公司治理）、培育下一代以及環境資源對策等社會貢獻活動。

漫長的人生裡不知道會發生什麼事，有可能突然面臨調動、業界結構出現重大改變，甚至是自己的部門和公司消失不見。生病和受傷往往也是突然發生。即使費心打探、努力運用猜拳理論請人協助，卻還是有無法如意的時候。

行至人生困境，我認為緣分勝過一切。即使是微小的緣分也沒關係，只要重視維繫人與人之間的「緣分」，關鍵時刻往往可能出現意想不到的救援，這個世界就是這麼小。

4 讓企劃和想法成形

這次體驗會企劃根據I部門經理的口頭指示著手進行，並在I部門經理的協助下迎來業務行銷策略會議。為了此會議，你備妥下列資料。

- 至今完成的5W1H表（企劃綱要）＝整體摘要（目次）。
- 針對需要詳細說明和數據的部分個別製作簡報，搭配效益分析表檢討。

至於個別簡報，舉「名人評估」的資料示意如左頁圖表4-1。

會議報告時用企劃綱要（見下頁圖表4-2，與圖表1-28相同）說明整體，再用

圖表 4-1　個別簡報 1：名人提案

A美	
經紀公司：「○○ 24」事務所	**出生年月日**：1993 年 7 月 12 日
血型：A 型	**出生地**：神奈川縣橫濱市
身高：162 公分	**暱稱**：A 醬

- 《○○鑑定TV》固定嘉賓
- 「△△論壇」主持人
- 「□□研討會」代言人

個別資料逐一說明項目詳情。至於可能出現疑問的項目，除了詳細資料外還得提出效益分析表，透過比較，說明為什麼目前的選擇最好。

由於自身準備周全，加上I部門經理的積極支持，報告進展得非常順利。最後雖然因為預算考量被要求微調，但整體企劃幾乎得以原貌呈現。身為活動執行團隊的一員，你當然也在I部門經理手下繼續效命。

圖表 4-2　邀請名人的效益分析表

前提和評估重點：

- 是否讓數十名（學生、二十多歲、三十多歲、四十多歲、50 歲以上，預計各 10 名以內，男女混合）網紅產生好感？
- 是否精通 A 商品和業界，或有實際活動經驗？
- 是否讓多數人一眼就覺得「特別」？

	年齡	綜合評估	好感度	精通度	獨特感
A美	三十多歲	**8**	4 受全年齡層歡迎	3	1 超人氣偶像
B太郎	四十多歲	7	3 受 30 歲以上女性歡迎	3	1 演員
C子	十多歲	6	2 受十多歲女性歡迎	4 有相關經驗	無

轉換心態，任何工作都會變有趣

接下來必須快速籌備體驗會，之後幾個月應該會變得很忙。不過，由於自己的提案即將實現，你的內心充滿了喜悅、興奮和動力。

你有些驚訝自己怎麼會如此投入。

其實你原本想做的工作是商品開發，你想在這家公司製造讓很多人使用的商品，所以才進入這家公司。因此，當初被分配到這個部門時，你非常沮喪。而且你也討厭按照I部門經理的指示做事，甚至打算換工作。

可是，你現在卻能認同同事所說：「能把自家優秀商品介紹給世人的工作真棒。」

正是如此。同一件事，有人覺得很開心，也有人覺得很討厭、很痛苦、好想辭職，就看本人怎麼想。既然如此，不如就用愉快的心情面對。

工作本來就會遇到辛苦的事，也可能出現想辭職的念頭，但如何決定全憑自己。

希望大家每天努力工作的同時，也不要忘記這件事。

專欄　分配任務時，明確寫上負責人

本章的最後想談如何運用表格管理流程、計畫、任務和團隊。

1. 用表格掌握流程

我在第二章談到籌設ＰＣＲ檢測中心的流程。當時我連ＰＣＲ是什麼都不知道，也不清楚從何做起。

在日常工作中，被指派新工作時，也會出現不知道從何做起、不了解要準備什麼的情況。在什麼都不清楚的情形下，你便不知道５Ｗ１Ｈ表該從哪裡開始填寫。

這裡用新品體驗會的事例做思考。

你的企劃順利通過業務行銷會議，於是準備召開新品體驗會。雖然主管也把承辦活動交給你負責，但你之前做的都是企劃，承辦活動還是第一次。

就像我當初籌備PCR檢測中心一樣，首要之務就是製作作業流程示意圖。相關資料已經運用圖表變得一目瞭然，流程部分也可以運用表格簡單掌握。我們馬上來製作表格。

你第一次被要求承辦活動。雖說如此，無論在工作還是私底下，你應該也參加過很多次活動，試著回想一下那些經驗：「看到網頁廣告，考慮要不要參加」、「因為有興趣所以申請參加」、「在會場拿到傳單和試用品」、「寫了問卷調查」……。

透過回想過去參加活動的經驗，就能以參加者的角度把過程大致寫出來。這只是讓自己想像要做的事情是什麼，內容不正確也沒關係。

藉由回想，你了解參加活動前會經過五大步驟，那就是「得知資訊」、

「評估」、「申請」、「了解詳情」和「到場參加」。把這些項目列出來，然後寫下預想的媒介和行動。首先把能想到的內容寫出來：

- 得知資訊：傳單、海報、網頁、社群平臺、廣告。
- 評估：確認內容（日程、費用和場所）。
- 申請：申請表單、郵件。
- 了解詳情：郵件、手冊。
- 到場參加：櫃臺、主持人、助手、問卷調查。

從這幾點來看，應該會意識到有幾種人參與其中。「顧客」和「工作人員」是這場活動的登場人物。

這次把登場人物放在橫軸並製作一張表格。按照時間序列分別把登場人物要做的事寫出來，範例如下頁圖表4-3。

圖表 4-3　按照時間序列寫出要做的事

	顧客	系統	工作人員	備考
得知資訊	得知		製作傳單、海報和網頁 ↓ 發傳單 貼海報 架設網頁	設置數量？ 發送數量？
評估	評估 疑問、提問		回答	窗口由誰來負責？
申請	填寫申請表 • 郵件 • 表格	申請資料	接收郵件 ↓ 輸入資料	回覆的方法？ 遇到取消該怎麼處理？
了解詳情	得知 疑問、提問		製作詳細內容、發送郵件回答	舉辦場所？ 當天的流程？ 職務分配？ 當天的設備和用具？
到場參加	到場	進行確認	前一天準備 進行確認	

從一開始不知道「舉辦活動要從哪裡著手」，直到透過表格把流程視覺化，就可以一眼掌握整體流程和所需準備。此外，也正是因為整理成表格，才能意識到一些細節問題：申請窗口要設置在哪、會場要安排在哪、要準備什麼設備和用具、傳單要準備幾張。

一邊整理疑問，一邊製作 5W1H 表，就會知道接下來該做什麼。

2. 用表格分配職責和管理任務

運用表格管理「何時、何人、何事」也很方便。也就是運用表格製作工作分解結構圖（Work Breakdown Structure，縮寫為 WBS）。舉例來說，將前述活動承辦製成表格如下頁圖表 4-4。

重點就是連細節都要寫清楚（由誰做什麼事）。比方說不能只寫「製作傳單」，而是盡量詳細寫出「委託設計、管理製作進度、業者聯絡應對」。

明確寫上負責人，有問題就知道找誰處理，可以讓每個人對自己的工作負

圖表 4-4　負責人不寫部門，而是寫上個人名

大項目	中項目	詳細內容	結果	負責人	期限	狀態
企劃	整體概要	企劃和批准	在業務行銷會議通過	佐藤	4/30	Close
企劃	東京會場詳細企劃	與代理商協調內容		鈴木	5/8	Open
企劃	札幌會場詳細企劃			高橋	5/9	Open
廣告	網頁	體驗會整體		田中	5/？	Open
廣告	網頁	招募網頁		田中		—
廣告	網頁	FAQ常見問題		伊藤		—
廣告	主視覺設計	名稱和設計Logo		田中	5/？	Open
贈品	商品說明	會場使用		渡邊	6/5	—
贈品	商品說明	線下活動使用		渡邊		—
贈品	商品說明	社群平臺使用		渡邊		—

責。**負責人不寫「○○課」，一定要寫上個人名字**。為了避免出現「應該有人會做吧？」、「那不是自己負責的內容吧？」這類把工作推給別人的情況，一開始就要把職責明確寫清楚。

許多人會把任務管理製成樹狀圖，但製作這類圖表很麻煩，想稍微修正也很花時間。從效率來看，還是用表格安排個人職責和管理任務比較方便。

如果想要更一目瞭然，建議可以製作甘特圖（條狀圖）。在縱軸填上工作項目、橫軸填上時間，就可以清楚了解工作內容、持續時間和順序。填寫甘特圖時，可利用逆推先決定好目標日期，或藉由正推表示完成的日期，請根據狀況使用。

- 逆推：從目標日期（截止日、交貨日）回推，來制定行程表。
- 正推：以現在為起點決定任務和預估完成日期，以制定行程表。

以上簡單說明運用表格安排計畫的方法。

本書談到５Ｗ１Ｈ表和效益分析表的思考方式和製作方法，即使企劃順利通過，為了強化工作效率和充分達成共識，還是少不了表格協助。表格的可能性無限大。時常運用表格思考，就可以實踐更優質的計畫管理。

最 終 章

情感使人行動

1 為什麼我願意追隨孫社長

二〇一〇年軟銀集團迎來創業三十周年，孫正義發表了「下一個三十年願景」，裡面有一句話是「越是迷惘，越要看向遠方」。

比方說人在船上，一直看著眼前的海，視線就會模糊，但看向前方一百公里就幾乎不會模糊。意思是如果一直看著當初的目標，即使迷惘也知道該採取什麼行動。

發生問題時人往往會感到迷惘：「該怎麼辦才好，該往右還是往左？」、「朝這個方向走真的好嗎？」、「或許還有別的方法吧，可是……。」

這時請想一想「目的」。被事情搞得焦頭爛額時，會變得只能看見眼前的事物，並因此讓心情起伏不定，這時不妨暫停手邊的事，想一想最初的目的。這個工作是為何而做？原本的目標是什麼？

「前方一百公里的風景」就是巨大的指針。體驗會企劃也是一樣，最初大家都清楚目的是什麼。

但隨著一心投入眼前的任務，目的就變得越來越模糊。沒多久就一味追求「人氣」和「媒體曝光率」，偏離了努力方向。

這時應該抬起頭看看目標，再次確認未來想達成什麼目的、想實現什麼願景，就可以堅定不移的往前走。這對經營組織來說也非常重要。

如果組織成員能集體朝向相同目標前進，力量經過加乘會變得更強大，也能更快達到目的。因此，具備「遠眺意識」非常重要。

注視遠方的目的時，有時會遇到「乍看好像很類似，但本質不同」的情況。舉個例子，支援東日本大震災復興財團法人（現在的支援兒童未來財團法人）的最初目標是支援受災兒童，不過我們也曾經遇到民眾要求「有高齡者因為震災陷入困境，請幫助他們」。

照顧長者確實是非常重要的事，也會想要為他們做些什麼。但站在支援東日本大震災復興財團法人的立場，我們卻無法分心在這部分，因為目的不一樣。如果一直注視這點，即使站在岔道口，該做判斷時就不會產生迷惘。

遠大的願景使人行動

據說孫正義有每十年一大目標的「人生五十年計畫」：

- 二十歲階段：取得知名度。
- 三十歲階段：儲備資金。
- 四十歲階段：一決勝負。
- 五十歲階段：完成事業。

• 六十歲階段：把事業交棒給下一代。

這是孫正義十九歲時制定的計畫，令人驚訝的是他目前還在實現中。孫正義出生於一九五七年八月，二十四歲創設日本軟銀，三十六歲股票上市。後來他收購Ziff Communications Company展銷部、主辦世界最大電腦資訊展「COMDEX」的The Interface Group展銷部，以及出版雜誌《個人電腦週刊》（*PCWeek*）的齊夫戴維斯出版社（Ziff–Publishing Company），為了「拿到地圖和指南針」，他把美國電腦資訊相關的企業納入集團。

四十歲時，軟銀在東京證券交易所第一部掛牌上市，之後為了讓日本的網路能高速又平價，開始提供寬頻綜合服務「Yahoo! BB」，接著分別在四十六歲收購Japan Telecom、四十八歲以一．七五兆日圓收購沃達豐。

五十歲開始在日本銷售iPhone，五十五歲收購Sprint（當時名稱），打入美國的行動通訊業界。五十九歲以三．三兆日圓收購Arm，同年成立軟銀願景基金。孫正義馬不停蹄，一直都是親力親為，根本就是超人。

我遇到孫正義的時間點，正是他打算在人生一決勝負的時候，對我來說極其幸運。

面臨大震災和疫情大爆發時，我也與孫正義一起全心投入助人事業。孫正義身為企業家和資本家卻有人品又富有人性，我對孫正義的尊敬無以言表。

決定好登哪座山，等於成功一半

目標和願景很容易被混為一談，目標是「為了到達目的地的標記」，願景則是未來的構想和理想樣貌。

決定好目標就等於成功一半。「我想到那裡」——決定好目標就會看到方向。強烈意識到目標後，就能預測需要克服的課題，然後制定戰略或戰術。

說難聽點，沒有目標的工作根本就是白費工夫。

孫正義常說「選擇要登哪座山」，甚至斷言「這會決定你人生的一半」。決定好要登哪座山（目標）就可以思考登山方式，抵達的樣子就是你的願景。

舉個例子，單純因為「好想長肌肉」、「好想變瘦」的理想開始鍛鍊，但缺乏PDCA循環為基礎，就難以保持積極的心態，於是很快就想放棄。

不過，如果目標是一年後參加健美大賽，目標和現況的差異就會變清楚。一年後的理想體型與現在的自己相比有什麼差異？當你有了具體概念，就會知道為了塑身應該做些什麼。

我至今參加過好幾次鐵人三項賽（依序進行游泳三・八公里、自行車一百八十・二公里、馬拉松四十二・二公里），第一次決定參賽是在二〇一四年六月。

為了一年後的比賽當天拿出最佳表現，我開始摸索當下應該做什麼。

由於我還是鐵人三項賽的新手，所以我請專家制定訓練菜單，每天都按照大目標和每日運動計畫配合自己的狀態練習。

雖說是每日計畫，但我有時還是會因為工作無法完成訓練菜單。遇到這種情況時我不會焦慮，而是改用一週為單位思考：「昨天沒做就今天做。」一週之後是月目標，然後是三個月、半年和一年後目標，只要朝著大目標前進，就不會因為眼前的誤差患得患失。因為眼前的事灰心沮喪而導致動力下降，才是大問題。

你們應該聽過「流星消失前默念願望三次」的祈禱方法吧？雖然是毫無根據的魔法，其實卻意外能實現。

除了流星群外，流星本來就很難遇見。就算看到也是轉瞬即逝。對著一閃而過的流星如果真的能瞬間默念願望三次，代表內心有明確的目標和願景。時時刻刻想著目標並保持行動，達成目標的可能性就會明顯上升。

如果無法在心裡強烈記住一件事，就把深思熟慮的目標和願景寫在一張卡片上，放入平時配戴的員工證內側。光是這樣做，例行公事就會產生目的，工作也會有方向。

2 工作須與人共事

發生東日本大震災後，我以CSR負責人的身分，與孫正義一起到日本東北地區了解受災情形。

我們到福島避難所慰問民眾，並親眼目睹殘破的街道。孫正義坐在巡視的車上，含淚望著受災地。

一直以來我只看到孫正義工作上的樣子，那是我第一次看見孫正義私下的模樣。後來我也數次看到他私底下的樣子，真正的孫正義就是情感豐富又真摯的人。

在東北看到孫正義私下的模樣時，我的內心再次湧現「我想滿足這個人的期望」的心情。「我也想為孫正義努力」，因此決心全力推動支援復興活動。

有時遇到巨大的困難，會覺得光靠自己撐不下去。不過，如果是「為了誰」就可以產生力量。就像了解孫正義的想法能讓我湧現力量一樣，強大真摯的信念可以成為驅使人行動的龐大原動力。

主管要讓部屬願意追隨

本書前面談到「以誰為對象工作」、「提案是給誰看的」。

針對這些問題，我站在組織工作的立場，還是會回答「首先是主管和決策者」。不過，這裡指的主管和決策者是比自己看得更遠、思考更廣的人。是會讓你自然想要「滿足這個人的期望」的對象。

你可能數年從未產生「在這個人手下工作真好」的想法，或想抱怨「我根本沒有那種主管」。不過，領導者對於公司的綜合計畫和基本計畫一定有遠大的願景。上位者一定要有遠大的理想，努力成為讓部屬願意追隨的存在。成功建立信賴關係，部屬自然就會產生「想要滿足這個人的期望」的想法。身為部屬，如果被這樣的主管誇獎，真的會很高興。

如同前述，我在工作上一直把「滿足孫正義的期望」放在心上。

我人生中屈指可數的開心事件之一，就是二〇二一年軟銀發表新冠肺炎疫苗接種目標規模為二十五萬人的訊息時，孫正義在推特（現在是X）發布一則貼文（見下頁圖表5-1，本書作者位於照片左側）：「我想為疫苗接種貢獻心力，在日本全國十五個會場，為職員、家人、居民，超過二十五萬人提供機會。」孫正義後來打電話給我：「池田，有看到推特貼文嗎？我選了你有入鏡的照片。非常感謝你幫我完成這件事，你真的做得很好。以後也拜託你了。」

這項計畫要與厚生勞動省交涉，還有採購疫苗的問題，對我來說非常棘手。其中我好幾次達不到孫正義期望的速度而被鼓勵再加把勁，深感能力不足之餘，我也不斷苦思最好的解決之道。

大規模接種作業順利進行後我終於鬆了口氣，接著就接到孫正義的電話，我的內心非常高興。在孫正義的手下工作，我真的覺得很幸福。

對於工作的意義和要求，每個人都有不一樣的想法。而「我想為這個人工作！」的想法絕對沒有不好。

圖表 5-1　孫正義在推特發文

孫正義
@masason

我想為疫苗接種貢獻心力，在日本全國 15 個會場，為職員、家人、居民，超過 25 萬人提供機會。

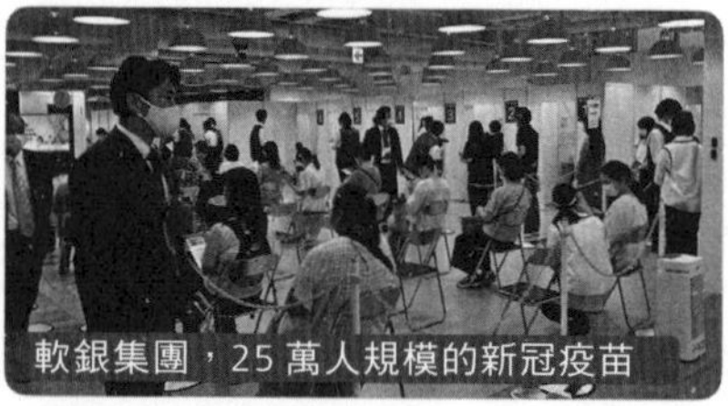

場所：group.softbank

19:14 . 2021/06/15 場所：Earth

如果已經在「我想為這個人工作！」的環境下工作，請珍惜目前的環境。如果還沒找到值得效命的對象，那就繼續尋找吧！或許，「我想為這個人工作！」的心情，正是工作能產生幸福感的關鍵。

結語

遇到困難時，嘗試這兩件事

本書分享給大家的是，二〇〇六年我與孫正義一起工作後彙整的工作方法，包括如何整理資訊和製作企劃提案，以及製作可以用對等立場，進行建設性討論的表格。

如何聯合管理階層和相關人員共同實現企劃提案？我經歷許多失敗才走到今天。

人生在世不會總是自己一個人，周圍還有其他人，你要與這些人互動合作，共同決定事物和達成共識。

此外，決定事物不是根據絕對正義和公式做判斷。今天往右是正確，或許下週就變成往左才正確，正因如此，工作和人生才會這麼困難。為了在艱難的世間討生活，大家應該也體會到做事技巧和與人溝通的重要性。

我在書中介紹了許多內容，請一定要從中找到適合自己的實用方法，即使只有一個也好，請積極的實踐看看。

為了提升並且高度維持意願和動力，請永遠不要忘記自己的目標。就像一閉眼就馬上浮現那樣，請堅定自己的目標。這樣你就會清楚了解想做什麼、該做什麼，取捨也會變得容易。即使買了書閱讀，如果不實踐，什麼都不會改變。

透過實際行動體驗，除了能加深自我理解，也會發現從沒想過的問題或意外情況，然後因此更堅定的朝目標邁進。

遭遇意外並不是失敗，就當作是為了改善和變得更好的經驗。不要因為事情不順利就擺爛、放棄或逃避，應該要接著進行下一步。

覺得痛苦、艱難或問題難以克服時，我幾乎都用以下兩個方法面對。

第一個方法是**找人商量，找有相同立場和目標的夥伴聊聊不如意**，以釐清狀況再思考下一個對策。與夥伴交流非常有價值，可以讓自己冷靜下來，並再積極的面對困難。

另一方法是**回歸到明確的人生目標**。

我的人生目標來自美國原住民的一段話：「你出生的時候，周圍的人笑著，只有你哭著。所以你死的時候，周圍的人哭著，只有你笑著。請過這樣的人生。」我非常喜歡這段重視人與人連結的語句。

我用俯瞰的角度看待事物，冷靜思考對我而言像家族和夥伴一樣重要的東西是什麼，以及目前發生的事的意義。我每天都會這樣做。

放棄和逃避之所以恐怖，不是因為會導致表現變差，而是你會習慣這種心態。一旦「放棄和逃避」變得習以為常，當眼前出現新事物或困難挑戰，你一定會選擇放棄。

人生往往會遭遇一連串困難，放棄的消極態度無法帶你克服人生的諸多困難，甚至可能拖累整個人生，讓你遭遇更大的困難。

請不要陷入惡性循環和自甘墮落的生活。至今介紹的表格可以讓你的夢想成形，幫助你實現夢想。我誠心期望表格可以助你一臂之力。

有所察覺，視野就會改變。視野如果改變，想法就會跟著改變。想法改變了，未來就會改變。未來如果改變，就會意識到自己已經改變。

希望本書的讀者都能有察覺的機會。

國家圖書館出版品預行編目（CIP）資料

孫正義出石頭，誰能出布？：老闆、上司總是丟出難題和籠統指令？我在軟銀學到的目標達成竅門。／池田昌人著；賴詩韻譯. --初版, -- 臺北市：任性出版有限公司，2025.04
256頁；14.8×21公分. --（issue；087）
譯自：仕事は１枚の表にまとめなさい。
ISBN 978-626-7505-50-2（平裝）

1. CST：職場成功法　2. CST：商業資料處理

494.35　113020801

issue 087
孫正義出石頭，誰能出布？

老闆、上司總是丟出難題和籠統指令？
我在軟銀學到的目標達成竅門。

作　　者｜池田昌人
譯　　者｜賴詩韻
校對編輯｜張庭嘉
副 主 編｜馬祥芬
副總編輯｜顏惠君
總 編 輯｜吳依瑋
發 行 人｜徐仲秋
會 計 部｜主辦會計／許鳳雪、助理／李秀娟
版 權 部｜經理／郝麗珍、主任／劉宗德
行銷業務部｜業務經理／留婉茹、專員／馬絮盈、助理／連玉
　　　　　行銷企劃／黃于晴、美術設計／林祐豐
行銷、業務與網路書店總監｜林裕安
總 經 理｜陳絜吾

出 版 者｜任性出版有限公司
營運統籌｜大是文化有限公司
　　　　　臺北市100衡陽路7號8樓
　　　　　編輯部電話：（02）23757911
　　　　　購書相關資訊請洽：（02）23757911　分機122
　　　　　24小時讀者服務傳真：（02）23756999
　　　　　讀者服務E-mail：dscsms28@gmail.com
　　　　　郵政劃撥帳號：19983366　戶名：大是文化有限公司

香港發行｜豐達出版發行有限公司　Rich Publishing & Distribut Ltd
　　　　　香港柴灣永泰道70號柴灣工業城第2期1805室
　　　　　Unit 1805, Ph. 2, Chai Wan Ind City, 70 Wing Tai Rd, Chai Wan, Hong Kong
　　　　　電話：21726513　　傳真：21724355
　　　　　E-mail：cary@subseasy.com.hk

封面設計｜林雯瑛
內頁排版｜黃淑華
印　　刷｜韋懋實業有限公司

出版日期｜2025年4月 初版
ISBN｜978-626-7505-50-2
電子書 ISBN｜9786267505489（PDF）
　　　　　　9786267505496（EPUB）

Printed in Taiwan
定價／新臺幣420元
（缺頁或裝訂錯誤的書，請寄回更換）